接纳不完美的自己

米苏 —— 著

中国纺织出版社有限公司

内 容 提 要

世间万物都是矛盾的统一体,都是黑与白、好与坏、善与恶、美与丑的调和,生而为人的我们亦如是。当我们无法接纳自己的阴影部分时,就会活在假想的面具下,心理的天平就会失衡,痛苦便油然而生。当我们能够敞开心扉,与自己的不完美特质握手言和——拥抱自己的恐惧与弱点时,我们就对所有人、对整个世界敞开了心扉,并让真实的自己获得成长。

图书在版编目(CIP)数据

接纳不完美的自己 / 米苏著. —北京:中国纺织出版社有限公司,2020.11
ISBN 978-7-5180-7852-3

Ⅰ. ①接… Ⅱ. ①米… Ⅲ. ①人生哲学—通俗读物 Ⅳ. ①B821-49

中国版本图书馆CIP数据核字(2020)第170671号

策划编辑:郝珊珊　　责任校对:王花妮　　责任印制:储志伟

中国纺织出版社有限公司出版发行
地址:北京市朝阳区百子湾东里A407号楼　邮政编码:100124
销售电话:010—67004422　传真:010—87155801
http://www.c-textilep.com
中国纺织出版社天猫旗舰店
官方微博http://weibo.com/2119887771
天津千鹤文化传播有限公司印刷　各地新华书店经销
2020年11月第1版第1次印刷
开本:880×1230　1/32　印张:6.5
字数:162千字　定价:48.00元

凡购本书,如有缺页、倒页、脱页,由本社图书营销中心调换

前言

成为自由职业者已近八年,虽不用通勤打卡,却也在每一个工作日,按部就班地坐在电脑桌前,遵循既定计划来完成每天、每周、每月、每年的计划。上班族的8小时工作制,居家办公也并未缩水。唯一的不同或许就是,可以灵活调配这8小时,上午犯懒贪睡了一个钟头,晚上就要补回来,工作量是不能打折扣的。总体来说,就是要足够自律。

可是,就在写下这些文字的前一周,我还深陷在"自我攻击"中。

由于新冠肺炎疫情的问题,全国人民都尽力做好防护,待在家里,尽量不出门。对生活娱乐丰富的现代人而言,这种体验无异于部分的"感觉剥夺"。一天两天还好,但一下子在家待十天半个月,不能出门活动,还要面对全网爆炸式的信息,很容易引发负面的情绪。

我还没有达到过度恐慌的程度,但我的确焦虑了。我以为，在这样的情况下，习惯居家办公的我，还能够像往常一样，保证规律的作息，完成压在手里的工作。可事实证明，我也开始坐不住了，晚上刷手机看新闻到很晚，早上睡到10点钟，吃饭也变得不规律，春节前保持的运动与健康饮食的习惯，一下子都被打破了……更糟糕的是，一连十几天，我都没有碰电脑，明知道自己可以做点有意义的事，可就是"身不由己"。

这一连串的问题，让我深深陷入到焦虑与自责的怪圈中，觉得自己就像变成了"废柴"。而这引发的结果就是——一言不合就跟家人发脾气，对书架上那些没有拆封的书及许久未更新的公众号视而不见，自欺欺人。自由职业八年来，我第一次对"自控力"产生了怀疑，也开始厌恶起这样的自己。

庆幸的是，在这个节骨眼上，我看到了心理圈的一位师姐分享的一篇文章，是"冰千里"老师写的。老师结合当前的处境，道出了一个不争的事实：弥漫恐惧下的不确定，以及对这不确定的无能为力，正是焦虑的根源。

道理易懂，可我该怎样从这种焦虑中解脱出来呢？或者说，从这种焦虑中缓解一下呢？

在文章的末尾处，我读到了这样一段话："做好自己，稳定自己，就是对灾难的贡献，或许这没那么伟大，但你本不就该如此吗？话说回来，做不好自己也正常，任何无意义感，任何低价值、低自尊，都是你本来就有的，而不是危机所致。"

刹那间，我似乎理解自己，也原谅自己了。

我希望自己不受到外界的影响，希望时刻充满掌控感，希望在不成为乌合之众的同时，还能做一些有意义的事……可是我忘了，在对自己提出这些要求和期待的时候，我没有考虑到，自己也只是一个普通人。既是凡人，就必会有无意义感、低价值、低自尊的时刻。

而我呢？因为不允许这些"阴影面"的出现，还把当下这一刻"我做不了什么"的客观事实，升级成为"我不够好"的自我贬低。我一直想着怎样摆脱焦虑和不规律，怎样让自己尽快找到掌控感，而这无异于在跟自己的负面情绪对抗。结果，越抗拒，越强化。

我深呼了一口气，决定放自己一马：接纳眼前弥漫的不确定，接纳它可能会转移的事实，也接纳当下我无法专注地去看书写字的事实，然后告诉自己——这些都是可以的。

坦白说，接纳并允许自己暂时变成"废柴"以后，我真的没那么焦虑了。

我不再埋怨自己睡到10点钟，但会尝试把闹钟定在8点半，随着悦耳的铃声慢慢醒来；第二天再把闹铃调到8点，第三天调到7点半，给自己三天的时间，逐渐回归正常的作息。我不再强迫自己每天必须完成多少任务量，而是适时地打开电脑，做点简单的文字梳理，找回工作的感觉。我还给自己买了一个新的运动手环，在家里打开"锻炼模式",看自己的心率变化,给室内运动增加乐趣……大概用了五天时间,一切都开始朝着好的方向发展了。

此时此刻,我可以静下心来,重新回归一个自由职业者的状态,按部就班地写字了。我想把这段经历记录下来,用它来开启这本书的主题——接纳不完美的自己。

生而为人,我们需要为了更好的生活不懈努力,却也可以在疲惫时帮助自己卸下盔甲;我们需要鼓励自己保持积极的状态,却也可以在沮丧时允许自己掩面哭泣。我们不需要成为多么完美的人,只需要成为完整的自己,而完整就意味着光明与黑暗共存。

一切,也如荣格所言:"唯有从容接纳黑暗的人,才有资格享受光明。"

目录

001　Part / 01　再见了，假想中的完美自我

- 002　你以为的自己，是真实的自己吗？
- 006　活在虚假的人设里，没有谁是安宁的
- 010　内在真实的你，需要的是被自己理解
- 014　优秀不是被爱的原因，而是被爱的结果
- 018　突破自我中心的束缚，看见成长的自己

023　Part / 02　承认、接纳和拥抱内在的阴影

- 024　没关系，每个人都不是完美的
- 028　掩饰自身的特质，是一场巨大的内耗
- 032　学会接纳自我，不附加任何条件
- 036　生而为人，承认有欲望并不是罪恶
- 040　当阴影被看见，不意味着关系就会结束
- 044　从容拥抱阴影的人，才有资格享受光明

049　Part / 03　对生命带给自己的一切说"是"

- 050　生活泥沙俱下，学会带着问题往前走

053 | 痛苦是压不住的，回归自己的感受
058 | 发生在自己身上的事，试着臣服于它
063 | 在伤痛与残缺之外，仍有照亮生命的光
067 | 纵使不完美，人生依然值得好好继续

073　Part / 04　情绪还会回来，愿你我不再抗拒

074 | 承认自己和他人都是会有情绪的
078 | 情绪只是客观存在，没有好坏之分
082 | 回溯本源：到底是什么让你愤怒
086 | 踏出舒适区时，恐惧总会如影随形
090 | 与抑郁情绪不期而遇，请保护好自己

095　Part / 05　逃不开的琐碎，即是修行的道场

096 | 抱怨的背后，其实是对自己的不满
100 | 接受最坏的结果，就不会再害怕失去了
104 | 人生不存在输赢，只有视角的转换
108 | 微不足道的小事，不要总往心里塞
111 | 于不确定之中，保持自己的节奏
115 | 生活永远无法预知，试着把握现在

119　Part / 06　无须小心卑微，亦不必故作强大

- 120 ｜ 外界的批判，无法定义你的好坏
- 123 ｜ 亲爱的，放过一时间脆弱的自己
- 127 ｜ 多少人前的傲慢，不过是自卑的补偿
- 131 ｜ 你的所作所为，是你当时最好的表现
- 135 ｜ 不必害怕明天，路是一步步走出来的
- 139 ｜ 客观地评价自己，是自尊与自爱的根基

143　Part / 07　关系是一面镜子，照见真实的自己

- 144 ｜ 一切外在的关系，都是潜意识的投射
- 148 ｜ 你讨厌的人身上，往往藏着自己的影子
- 153 ｜ 对别人发脾气，是自己的伤痛未曾治愈
- 157 ｜ 感谢亲密关系伴侣，帮助我们看清自己
- 162 ｜ 人与食物的关系，透着人和自我的关系

167　Part / 08　不完美但很精彩，有遗憾更有未来

- 168 ｜ 时间尚无法治愈的伤，允许它存在着
- 173 ｜ 学会清简，把生命留给合理的事情
- 177 ｜ 觉得自己好看，比真的好看更重要

182	不再苛求自己，本身就是一种幸福
185	每个人都有资格成为生活中的舞者
190	轰轰烈烈很精彩，小确幸也不失美好

195　结语　往后余生，愿你我都能成为自己的光

Part / 01

再见了,假想中的完美自我

> 当一个人完全受限制于理想自我并始终遵循它的指引时,他们就总会以"应该是什么"来支配自己的思想。这样的人生活在无数的"应该"下,渐渐地与现在疏远。对此,最重要的是放弃理想化,从真实自我中发展自己。
>
> ——卡伦·霍尼

◇ 你以为的自己，是真实的自己吗？

人的心灵，犹如一片幽暗的森林，不只旁人觉得神秘怪异、捉摸不透，就连我们自己，也未必时刻都能够探清真相。

有时，我们以为内心对自己的理解，就是自己真实的样子，可当经历了某种现实挫折或打击之后，真相忽然被揭开，才恍然发现，原来自己并非想象中的那个样子。

W是一位时尚、独立的女性，在某杂志社担任美编。无论是自身样貌还是经济条件，都算是上乘的。不过，她的感情路一直不太顺畅。来找我的时候，W刚刚结束维系五年的婚姻。

说起那段亲密关系，W经常会提到一个词：恍惚。大概就是，回想起曾经的自己，以及当初所做的决定，有一种陌生的、恍如隔世的感觉。听她讲述，前夫其貌不扬，家庭条件也不太理想，只身一人在大城市工作，无依无靠。从情感上说，W对前夫的喜欢程度并不强烈，充其量就是聊得来，觉得他成熟稳重，能包容自己的任性。

为什么要嫁给一个外形不是自己喜欢的，情感上也并不是那么

Part / 01
再见了，假想中的完美自我

浓烈的人？

W提到一个关键点："和他在一起，感觉很安全，好像永远都不用担心被抛弃。哪怕他的外表不是我喜欢的，经济条件不太好……"那个时候，W对自己的理解是：我不介意另一半的外表，也不介意他的经济条件，只要他对我"好"，什么事情都可以一起努力解决。她在前夫面前呈现出的形象，是一个独立的、有思想的、善良的好女人。当然，他也得到了前夫的赞许和肯定：你很善解人意，你完全没有世俗气息，你无比珍贵。

生活是现实的，即便有风花雪月，也离不开经济的支持。

W勤勤恳恳，努力工作，而前夫却在婚后变得愈发懒散，最后甚至辞掉了工作，完全靠W养家。以至于曾经那个一起努力买房子的梦想，就显得愈发虚无缥缈。感到身心俱疲的时候，W也不敢停下脚步，依旧强忍着疲累往前走。

随着身边的一些女性朋友结交男友、步入婚姻后，W的情绪波动变得越来越大，她开始质问：我到底哪里不如别人呢？为什么自己会在亲密关系里漂泊，感觉身后空无一人，而别人都有了一个累的时候可喘息、可停靠的岸？

可当这些念头冒出来时，W很快又会把它们压下去，她会觉得自己"不好"，甚至给自己贴上"爱慕虚荣"的世俗标签。就这样，W一边忍受着来自现实的痛苦，一边压抑着真实的感受，在所有人面前故作坚强，明明已经精疲力尽了，却还假装可以独自应对来自生活的千军万马。

促使W结束婚姻的导火索，是她在怀孕2个月时因劳累流产。她对婚姻生活彻底无望了，带着受伤的身心，离开了那段纠结而痛苦的亲密关系。事后，当我们一点点地去回顾W过往的经历，并探讨她内心真实的想法时，她说：

"我羡慕那些在各方面条件上势均力敌的伴侣，但我不敢相信自己可以拥有，我觉得自己只配得上一个条件不如我的人；我希望在疲倦的时候有个依靠，但我又不敢承认自己的脆弱，我害怕别人觉得我不够好，最后离开我。"

在与W深入探讨，听她谈及早年生活经历之后，我理解了她为什么会有这样的想法。

W的父母早年忙于工作，又有重男轻女的思想。W身为长女，没有体验到父母给予的关爱，至少在她看来，她比弟弟得到的爱要少很多。为了赢得父母的好感，她努力学习，争强好胜，不给父母添麻烦，因而也就成了父母口中那个"懂事的、善解人意的孩子"。即便有需求，她也不敢提，害怕因为提出需求而遭到拒绝，或是不被父母喜欢。

心理学家卡伦·霍尼提出过一个理论：当儿童觉得自己不被父母或他人认可时，就会产生强烈的焦虑与不安。于是，他们会在幻想中创造出一个他们认为的、父母喜欢的"自我",来缓解这种焦虑。

通常情况下,这个假想的自我是完美的,优秀、聪慧、美丽、懂事。然后,他们会极力地维持幻想中的形象,害怕别人看到幻想背后真实的自己。不仅如此,当他们用这个假想的自我来对照现实的自我时,会觉得自己像个"冒牌货"。

我们经常会谈到"自我成长"这个词,其实自我成长最大的考验就在于:抛开对自己的理想化,只剩下真实的自己,你敢不敢去面对?你是不是还喜欢自己?

很多人都置身于和W一样的处境中,既渴望活出真实的自己,又害怕看见真实的自己;既希望被理解和接纳,又不敢把真实的自己呈现出来。最后,吸引来的自然就是不喜欢的人、无法得到自己想要的生活。因为从一开始,你就不是在用真实的自己与外界的人和事互动。

✧ 活在虚假的人设里，没有谁是安宁的

日本的一档综艺节目《NINO桑》，曾爆料过一位"网红"背后的真实写照。

这位网红叫西上真奈美，是一个模特，有二十几万的粉丝。她在Instagram上的"人设"，满足了无数年轻女性的假想自我。每天都有漂亮时尚的新衣上身，吃着精致健康的食物，住在干净整洁的家里，时常与亲密知心的好友小聚。

谁不希望在颠沛流离的世界里，活成自己喜欢的样子，和喜欢的一切待在一切，寻得一份静谧与舒心？因此西上真奈美受到了很多人的追捧。然而，节目组在跟拍后却惊讶地发现，西上真奈美的真实生活，并非如此。

摆在桌上的沙拉，西上真奈美根本就没有动过筷子，从头到尾只是在拍照。她说："我其实特别讨厌蔬菜沙拉，只是因为色彩缤纷，所以就点了……"明明只有一个人吃饭，却要点两份，只是为了看起来像和朋友一起出来的。

Part / 01
再见了，假想中的完美自我

西上真奈美那脏乱不堪的家，乱得让人无处下脚，而她在社交平台上发布的美照，都是把东西拨开，露出来的一个角落而已；至于可爱的小狗，也不是西上真奈美在照料，都是她父母在养，偶尔拍照给她，发个朋友圈秀一秀而已。

出现在社交网页上的好友，只是她从街头随便拉来的路人；看似热闹无比的好友聚会，也是她花钱请人来客串的，为的就是维持自己"社交达人"的人设。在现实生活中，西上真奈美说："其实我没有朋友。"

在节目最后，嘉宾问她："每次请客来搞聚会，会不会花费很大？"

西上真奈美回答说："我家里很有钱，所以……"

这是真的吗？很可惜，也不是。后来媒体爆料称，她宣称"家境好"，也是人设的一部分。实际上，她多数的开销都是父母在支撑。

这个节目播出后，粉丝哗然一片。如果说，像前面我们提到的W，只是在生活中无意识地以假想自我示人无伤大雅的话，那么在社交网络上给自己立人设，呈现出自己"最好"的一面，或多或少都有一点自欺欺人的嫌疑。

为什么要收起真实的一面，营造一个虚假的理想自我？

心理学家荣格曾经指出过这样一个现象：每个人都有一副"人格面具"，这副"人格面具"是人经过对自我人格的伪装向社会展示出来的。

很多人煞费苦心地经营人设，从本质上讲是一种心理防御，目的就是呈现出一个更好的完美形象，获得他人的认可。可悲的是，当人习惯性地躲在"人设"的面具背后，会越来越不敢面对真实的自己。换句话说，人正是因为无法容忍自己真实的形象，才会创造一个理想化的人设。这个形象出现后，貌似可以补偿对真实自我的不满，但最终的结果却是，更加难以面对真实的自我，更加蔑视自己、厌恶自己，因为把自己过分"拔高"了，现实中的自己根本无法企及。最终导致的结果是，在理想化自我与真实自我之间痛苦挣扎，在自我欣赏和自我歧视之间左右徘徊，既迷茫又困惑，找不到停靠的岸。

2015年，澳大利亚超级网红Essena O'Neill关闭了所有社交平台，宣布退出网红圈。面对外界的质疑与不解，O'Neill的解释简单直白："我并不是你们认为的'我'。"

她说，instgram上那些好看的照片，多数都是为了迎合粉丝。看似不经意的、随手一拍的美好，其实背后费尽了周折。当粉丝越来越多后，点赞数量变成了衡量她的唯一标识，她感到压力倍增，甚至开始担心，害怕哪一天被人看到自己在实际生活中的样子。这种忧虑，让她极度压抑，游走在崩溃的边缘。

在这样的状态下，O'Neill意识到，她过得只是"看起来很美好"的生活，却不是自己想要的，也不是真实的生活。在设计好的角色中，她赢得了无数的赞美，却离真实的自己越来越远，只是一个住在屏幕里的人，跟屏幕里的人打招呼，虚幻得如泡影。

既是人设，就存在崩塌的可能。倘若有一天，当这个"理想化形象"遭到别人的攻击，我们会本能地去维护自己理想化的那个形象，处在无意识的自我防御之中，处在无意识地对别人攻击的认同之中，从而迷失自我。

想要人设不崩，就得活得如履薄冰，试问：有谁愿意提心吊胆地戴着面具过一生？即便侥幸这样度过了一生，也是用无数的委屈和压抑换来的，也会有无数独处的时刻，望着那些精致的个人照，以及虚构的美好生活时，大多数人不禁会扪心自问：这到底是谁？而我又是谁？

✧ 内在真实的你，需要的是被自己理解

经常有朋友问我："你学了心理学以后，有什么变化吗？"

我说："有啊，自打学了心理学，我变得越来越'丧'了！"

当然了，这是一句玩笑话，我说的"丧"并不是堕落，而是一种接纳自我的力量。毫不夸张地说，活了这些年，但我直到现在才逐渐学会呈现自己真实的样子。

前段时间，在咨询技能课上，我扮演了一次来访者。然后，我就把自己碰到的苦闷事，全都吐了出来，甚至在并不是特别了解、特别熟悉的两个搭档面前，爆粗口宣泄内心的愤怒。换作几年前，这样的事我绝对不会做，也不敢做。

记得那是2016年秋，我开车带着一个女性朋友，一不留神犯了"路怒症"，冒出了一句骂人的话。当时，也真的是因为情急，对方司机野蛮驾驶，险些发生碰撞。可是，就因为那句骂人的话，我难过了整整一个星期。事后，我还找了一位心理老师，述说内心的自责。

Part / 01
再见了，假想中的完美自我

那时的我，可能真的是觉得，说脏话是不好的（当然，现在我也这样认为），在任何的情境之下，都要做一个性情美好的人。这全是鸡汤文里传递的东西：你要宽容，你要善良，你要大度，你要放下……这样的你，才是美好的。

天真的我，就这样轻信了，并傻兮兮地按照这个标准严苛地要求自己。一旦我愤怒了、发脾气了、怼别人了，我立刻就萌生了负罪感，觉得自己不够好，担心自己不被喜欢，害怕被人品头论足。最要命的是，哪怕我真的不开心，为某些事情痛苦时，我还要在心里默默地劝慰自己："你太钻牛角尖了，你不够豁达……"

结果如何呢？当我不断地告诉自己：要想开点儿、要学会乐观、要接纳残缺的真相，而自己却又没能体会到"心里真的舒服了、我真的想明白了"的感受时，我的状态比之前更糟了，就像是给自己挖了一个更深的坑。

这个时候，焦虑、抑郁的情绪直线上升，而我内心的怀疑也会涌现：我是不是太厌了、太扛不起事了、太没出息了、太没有修养了……太多的问题，使得我开始不断拷问我的内心。

这就是原来的我，不允许自己犯错，不允许自己难过，不允许自己被非议。

你可能也看过这篇文章——《远离那些正能量爆棚的人》。我从不否认，乐观是一种美好的生活态度，我也在朝着这个方向努力。但是，乐观不是永远不表露悲伤，更不是在撑不住的时候，还不停地给自己喂鸡汤，安慰自己说"一切都会好起来"，假装什么都没发生，活在理想化自我的幻象中。

我们都曾以为，看到一个糟糕的、不够好的自己，应该是一件很绝望的事。但真正经历过后，我的体验并非如此。就像咨询技术课上扮演来访者，我很坦然地跟搭档解释："以前，我会认为这样爆粗口是不对的，我怕别人会认为我不够有修养……但是，现在我似乎不那么在意了，在这样的情境下，这就是我最真实的感受，我也需要释放。"

事实也证明，搭档接纳了我，接纳了在咨询演练中那个情绪失控的我，也接纳了现实中理性地做自我分析的我。这两个我，没有好坏之分，只是不同情境之下的我，仅此而已。

过去，无论我试图让自己看起来多么积极、多么正能量，当真实的我不被自己理解的时候，我不过是用防御封闭了过去，用改变逃避了现实，可在内心深处，我却要为此背负着沉重的负担。因为，当内在的自己和外在的自己距离越远，就会越痛苦。如果不是真的改变自己，表面上的激励和鼓舞、形式上的积极与正面，有效期是很短的。

当我不再害怕看见那个真实的自己，我也就不再被恐惧逼迫着去扮演那个理想化的自己。当我不再刻意去维护某一种自我设定的形象,可以毫无顾忌地卸下心理的防御,不高兴的时候,不让自己强颜欢笑;不满意的时候,不让自己强忍着,而后,我感受到了自在。

◇ 优秀不是被爱的原因,而是被爱的结果

在过去的很多年里,我一直被这两个字绑架着——"优秀"。

想来,这跟个人的成长经历有很大关系。

读书的那些年,我一直是班上的佼佼者,每次考试都会努力获得一个傲人的成绩,然后把它呈现在家人面前,看他们喜笑颜开的样子,听他们给予我肯定与赞美。作为小孩子,我感到无比荣耀,外界的认可也让我感受到了自我存在的价值。

然而,我并不知道,这其实是一件很危险的事。因为在不知不觉中,我把优秀与被爱联系在一起了。有一个念头深深地在我脑海里扎根:别人喜欢我,是因为我成绩好,我很懂事,我从不惹麻烦……为了获得别人的喜爱,我要变得更加优秀。

接下来会发生什么,相信大家多半能够猜得到,因为很多人都和我一样,是沿着与之相似的轨迹走过来的。我开始对自己有了一种近乎偏执的、严苛的要求:要优秀、做好人、有教养、多学习;与之对立的就是:不能落后于人,不可以犯错,不能有怨言。如果

做不到，我就会焦虑、恐慌、郁闷，因为害怕自己会不被喜欢、不被接纳、不被认同。

这是一条艰难的路，让我吃了不少苦头。我会极力把自己最好的一面呈现出来，哪怕偶尔有委屈，有不满，也会悄悄藏在心里，拒绝暴露自己的脆弱和自卑；为了避免犯错，我宁愿把手边的机会让给他人；一旦做不好某件事，内心的自责会折磨得我彻夜难眠。

这种模式也影响到了亲密关系，我会觉得，另一半对我的喜爱，有很大程度上是因为看到了我身上的闪光点。我会小心翼翼地跟对方相处，害怕对方看到我的不足，甚至在对方做了一些让我不开心的事情时，也强忍着情绪不表现出来。

直到有一天，我因为工作的压力，陷入了低迷中。我在他面前哭了，觉得自己没有把该做的事情做好，我有一种强烈的挫败感，认为自己糟糕透顶……那一刻，我可能是压抑不住了，也承受不了，以至于做好了"他看到我歇斯底里的样子后会离开我"的准备。

但是，我猜错了。他很平静地听我诉说了自己的感受，然后安慰我："我们都得承认，自己只是一个普通人，没有超能力，身体和精力都有极限。谁都会有疲累的时候，这不是错，你需要给自己放几天假，休息一下了。"

现在的我再回头去看当时的自己，真是感慨良多。

那时的自己，只懂得优秀会赢得他人的欣赏，却不晓得优秀无法建立亲密关系。

亲密是什么呢？是你觉得这个人喜欢你，爱你，只是因为是你，而不是因为你的任何其他因素。在他面前，你相信自己是被接纳的，哪怕你有缺点；你相信自己是被欣赏的，哪怕你呈现出了最狼狈的一面；你相信自己是被允许的，哪怕你做错了事、说错了话。

真正的亲密，是在对方面前，呈现真实的自己，而真实本身就是有好有坏的。

过去，那种根植于内心的功利性审美，让我不敢有一丝一毫的懈怠，让我始终紧绷着神经，努力呈现自己最好的一面。当然，它也给我带来了一些益处，比如进入好的学校、获得更高的报酬，但弊端也是不可估量的：它让我形成一种错误的逻辑思维，把优秀当成了最重要的护身符，习惯性地用它来定义自己的价值，并在内心落下了一个巨大的缺口：真实的我不配爱，只有优秀才配爱。所以，我不断逼迫着自己优秀，用来打消心中的战战兢兢。

那一次的经历，对我产生了一些触动，但要说彻底改变，还不太现实。成长这件事，总是很缓慢的，可只要意识到了，就有了改变的切入口。

在亲密关系中，理想化的破灭是关系加深的开始；对于自我成长，理想化的破灭也是向内认识自己的开始。就像现在，我对暴露自我脆弱、承认自己是个普通人这一事实，恐惧感降低了很多。而当我不用刻意去压抑一些东西的时候，活得也就轻松了一些。

现在的我，深刻理解了一句话："优秀不是被爱的原因，而是被爱的结果。真正的优秀动力只有一个，就是在被爱与被欣赏中，感受到自己的特别与珍贵，并发自内心地努力。"

这份被爱与欣赏，是针对真实的自己，而不是一个理想化的自我。

每一个真实的我们，都配得上被爱，也配得上这世间美好的东西。我们追求和享受一切好的事物，因为我们本身就值得。我们让自己变得优秀，变得更好，也是因为舍不得让那么好的自己变得颓废和沉溺。这，才是我们变优秀的健康动力。

◆ 突破自我中心的束缚，看见成长的自己

2019年5月15日晚，我应喜马拉雅电台情感主播夏雨嫣的邀请，为她组建的社群做了一次线上的课程分享，题目是——走出失恋，重拾自我。

早在一个月之前，我跟雨嫣约了一次饭，那是我们第一次见面，但沟通交流得很顺利，彼此都很真诚。她也特别热情，请我吃了日料，临别之际还买了一杯热咖啡给我。

当时她就提出，想做社群运营，第一期的节目让我与她合作，小试牛刀。我没有任何经验，尤其是在与众人分享这方面，但我心里对它也有期待，希望自己能够做得来。

这年夏天，我的前同事提出，让我给他们的平台做写作课程的分享，因为不自信，我委婉地推掉了。可是这一次，雨嫣的热情，以及她的信任，还有我内心早已存在的那颗"挑战自我"的种子，让我没有再拒绝。

虽然我接受了雨嫣的邀请，但潜意识里的恐惧和怀疑依然存在，它让我本能地选择了拖延。

5月初，雨嫣问我能否在5月12日左右做这期活动？

当时，我手里还有未完成的稿子，工作室也有一些事情亟需处理，于是我还想往后拖。可是，雨嫣告诉我，下周是最后一周了。

Deadline就要来了，没法再拖了。我没有任何思绪，内心的焦虑不断叠加。我告诉雨嫣，就把时间定在5月15日吧，我爱我，这个寓意也蛮好的。

5月11日我上了一天课，到家很是疲惫，但第二天没敢睡懒觉，6点多就爬起来开始整理课程的内容，梳理思路和讲稿……一天忙下来，已经略有点头晕。

之后的两天，我一直都没有写稿，就专注地忙活课程分享的事情。周一的焦虑感最强，周二稍好，因为所有的东西都已经准备好，只差自己的语音练习。随后，我就开始自己对着微信练习，说得也越来越自然。

时间很快就到了5月15日，让我没有想到的是，之前的焦虑感竟然全没了。上午的时间，我还写了点稿子，到了午后才开始看讲稿，然后按部就班地吃晚饭，等待活动的开始。

晚上8点钟，雨嫣拉我入群，简单地介绍了一下之后，就把时间交给了我。

开始前的1分钟，我心里还有点忐忑，但很快就平息了。之后的分享，我没有任何的紧张，很流畅地就把自己想表达的东西，都传递了出去。

课程结束后，我跟社群里的朋友做了一些互动，都很顺利。大家很友好，也很热情，纷纷表示感谢。之后，群里还有人给雨嫣发了一封信，大概几百字，说了自己在聆听那次分享之后的一些想法和变化。

对我来说，这真的是莫大的鼓舞。我跟雨嫣说，没想到会这么顺利，也没想到自己竟真的完成了这次合作。过去在这件事上，我一直都把自己看得很低，认为自己做不到，也害怕失败，所以之前有很多机会都故意放弃。

现在回想起来，那时候的自己很在意他人的看法，十分敏感，时常陷入一种防御的状态中，担心自己能不能做好某件事，会不会被别人尊重和接纳，害怕别人看到自己真实的一面。然后，就总想展示稳定的、有把握的部分，畏惧挑战、失败，以及批评。

卡罗尔·德韦克在《看见成长的自己》里提到过，人有两种思维模式。

其一，僵固式思维。拥有这种思维模式的人，总是想让自己看起来很聪明、很优秀，实则很畏惧挑战，遇到挫折就会放弃，看不到负面意见中有益的部分，别人的成功也会让他们感觉受到了威胁。他们一生可能都停留在平滑的直线上，完全没有发挥自己的潜能，这也构成了他们对世界的确定性看法。

其二，成长式思维。拥有这种思维模式的人，希望不断学习，勇于接受挑战，在挫折面前不断奋斗，会在批评中进步，从别人的成功中汲取经验，并获得激励。这样的人，他们不断尝试人生的新可能，充分感受到自由意志的伟大力量。

如果我们细琢磨，就会发现两种思维最大的区别在于，成长式思维的底层是安全感。这种安全感不是因为"我是一个什么样的人"，而是因为"我有很多可能性"。具备这种安全感的人，无须保护某种特定的自我观念，他们突破了自我中心的束缚，从成长和发展的角度看问题。

之前不敢应邀开设各种线上课程的我，就陷入了僵固式思维的枷锁中。我只是想到了维系一个理想化自我的形象，害怕被人看到真实的、不够好的自己，完全忽略了自己也有成长和进步的可能。经历了一番自我挣扎后，我迈出了尝试性的第一步，而在那件事之后，我就变得有勇气多了，因为我开始逐渐朝着成长式思维的方向走了。

未来的路，还会有诸多挑战，会遇到挫折，会被人质疑，但我已经换了一种视角去看待它。过去，我觉得自己像一个固定的容器，只能容纳"那么多"的东西；现在，我把自己看成流动的河，会有急湍，会有平缓，不能用单一的某段河流来评判自己；我还把自己看成一棵树，在土壤里深深地扎根，把枝叶伸向更广阔的天空，还可以和周围的一切成为朋友，相互滋养，相互致意，既独立又相依，携手去完善各自的生命。

Part / 02

承认、接纳和拥抱内在的阴影

> 人必须拥有接受不完美的勇气,
> 一味追求完美只会伴随痛苦。
> 因为这个世上没有完美的人,
> 要接受并喜欢有缺点,甚至一无是处的真正的自己。
>
> ——鲁道夫·德雷屈尔

◇ 没关系,每个人都不是完美的

一位相识多年的老友,平日里一直告诫自己不要喝酒,可一旦遇到了什么烦心事,就忍不住借酒浇愁,可喝过后又会陷入深深的自责和懊悔中。如果哪天酒喝得高了,又滔滔不绝地多说了几句,酒醒后他就会大骂自己没出息,好几天都情绪低落。

对此,周围的朋友包括我,都很难理解。偶尔喝点酒,一两次喝得多了,也是常有的事,至于这么折磨自己吗?后来,我无意中听说,原来他的父亲多年来都有酗酒的习惯,喝多了就会在家里喋喋不休,或者跟母亲吵架,从他记事时起,这一幕就印在了他的脑海里。父亲酒后的不完美形象,也烙在了他心里。所以,他打心眼里认定:喝酒不是好事,喝醉酒更是不可饶恕的错误,而他无法摆脱酒精的诱惑,就是知错犯错。每次他都说,以后再也不能喝酒了。可实际上,他仍然在重复着"借酒浇愁"的日子。

对于他的问题,很长一段时间,我都想不明白。直到后来,看到研究美国戒酒协会的第一人科兹写的"人不能背叛自己",我才恍然大悟。科兹提到，以前酒徒们戒酒难于上青天，不管是吃药还是心理咨询，或是求助宗教，都无法让他们彻底告别酒坛。然而，美国戒酒协会却创造了奇迹，不用药物，不用心理咨询，不通过宗教，只是让酒徒们聚会，讲自己的故事，听别人的故事，就让他们重获了新生。酒徒们在聚会上，经常会说这样两句台词——

我是一个酒鬼，我不完美，我承认自己对酒精毫无办法，我很无能很无助，我需要帮助。

你不完美，我不完美，他不完美，我们每个人都不完美，不过没关系，真的没关系。

戒酒协会就是用这样的办法，让很多酒徒告别了酒精。它的独特之处，就是让酒徒们承认自己的不完美，放弃头脑中那个虚幻的自我，重获心灵上的自由。

我联想到自己的老友，他之所以那么纠结和痛苦，也是因为脑海中有一个自我的幻象，这个幻象是完美的，是可以完全掌控自己的，是可以抗拒酒精的诱惑的，是与自己不完美的父亲不一样的。然而，现实又如何呢？当他遇到挫折时，选择了借酒浇愁，这个真实的自己跟他想象中的完美自我有着巨大的落差，这个落差撕裂了他的心灵，让他痛不欲生。换句话说，正是对完美自我的追寻，才让他掉进了烦恼的陷阱。

事实上，多数人对自己内心的阴影都会感到恐惧，这个阴影包括许多层面：恐惧、贪婪、丑陋、胆怯、自私、脆弱、控制欲……总之，所有那些存在于我们身上，而我们又极力掩饰、压抑和否认的特质，都属于阴影的范畴。

尽管我们不愿意正面面对，但这些特质不会因为我们的否认而消失，只会在潜意识中藏起来，悄悄地影响我们对自己的认同感。当我们偶然接触到这些阴影的时候，第一反应就是逃避，想与之划清界限。然而，当我们的注意力稍微松懈一点，它们就会从潜意识里冒出来。为了压抑它们，我们要付出巨大的精力，而这种付出毫无意义。

相比逃避、否认和压抑，承认和接纳更有实际的效用。这种接纳，建立在平静对待自己的每一项特质上，既不刻意彰显，也不刻意隐藏。我们可以将那些瑕疵和缺陷视为整体的一部分，用善意和宽容来看待。当我们对某件事物感到恐惧和不自信时，不必假装"不怕"，而应该坦然地面对这一现实并对自己说："我心里有点担心，不过没关系。"

有人说过：人性之中那些丑陋的、那些让我们不舒服的，甚至是罪恶的东西，就深深地植在我们的生命之中，我们甩不脱它，也杀不死它，因为，那就是我们的一部分。但是，让我们的生活变得糟糕的，并不是人性中这些丑陋的东西，而是我们对丑陋的不接纳，是我们在不接纳的同时，又没有办法根除它。当我们承认了不完美是常态，接纳了那个有缺陷的自己，心里就不会再有拧巴的感觉了。

当我们又开始为某些阴影纠结时，试着在心里默念："你不完美，我不完美，他不完美，我们每个人都不完美，不过没关系。"只有接纳了内心的阴影，我们才能够得到它的馈赠，这就是荣格说的"金子总是隐藏在暗处"。

◇ 掩饰自身的特质，是一场巨大的内耗

"总有人对我说，不要生气，不要自私，不要小心眼，不要太贪心，不要……有时，我觉得自己特别坏，坏得让自己都难以接受。因为，我经常会小心眼，无缘无故地发脾气，一不留神说错话，遇到喜欢的事物露出贪心。我觉得，想要做个完美的人，必须改掉这些'缺点'，我也试着努力过，想尽办法克制自己的情绪和感受，但我觉得很不舒服。"

这是网友梧桐树在微博上写出的感受，也戳中了生活中很多人的心声。

受到是非黑白、善恶美丑观念的熏陶，我们都只记得"好人""完美的人""幸福的人"该具备的特质，也更乐于接纳和展示自身"好"的特质，比如热情、善良、诚实、勇敢、坚强。与此同时，我们也在极力掩饰和压抑那些"坏"的特质，如胆怯、贪婪、愤怒、自私，不让别人发现。而且，现代社会又常常给人一种假象，似乎只有"完美"的人才能得到幸福。

"你的形象价值百万，有了好形象才能为人所重视，收获更多的机会"……这样的毒鸡汤，让很多人开始挑剔自己的形象，把许多不是因为形象而导致的问题也一并算到形象身上——没有找到合适的工作，就认为是自己形象不好，不惜花费重金打扮自己，更有甚者跑到医院去整形，以此换求职场前途。

"不骄不躁，淡定安然，脾气没了福气来了"……这样的鸡汤语录，让很多人刻意地装扮"完美"，从不对人发脾气，不做任何自私的举动，就连祈祷也是为了别人祈祷。看起来，这些人具备了一切美好的特质，可无奈的是，其中的一些人竟然得了癌症，于是他们开始抱怨上天不公。

事实上，他们的不骄不躁，淡定如水，并不是真正的内心平和，他们的不生气是装扮出来的大度，而非真的想通了。他们的私心、欲望和愤怒，因为受到的压抑太严重了，在潜意识里隐藏得太深了，以至于自己跟别人都没有意识到它们的存在。

带着这样一种心理认识，随着年龄的增长，我们发现，需要掩饰的东西越来越多。然而，压抑和掩饰，不等于不存在。这就如同，为了掩饰心中的阴影，给自己戴上一层完美的面具，不让真实的想法流露出来，以此欺骗别人，也欺骗自己。慢慢地，我们习惯了这层面具，忘记了面具下面还有一个真实的自己。即便自己在生活中屡屡碰壁，可仍然压抑住内心的暗示。我们会选择闭上眼睛，堵住耳朵，拒绝接纳那个真实的自己，拒绝聆听真实的心声。

事实上，当我们刻意压抑那些不完美的时候，也压抑了与它们对立的那些优点。我们的眼睛只看到了那些不好的东西，就感觉不到自己的美了，因此我们花费更多的精力和心思来掩饰自己的缺陷。可悲的是，在这种压抑之下，纵然我们在某些事上展现出了好的特质，我们也不会为之感到荣耀。

有一个来访者，每次和朋友吃饭时，都会抢着埋单；过节时，会主动送对方礼物。但是，她并不是每次都是真心做这些事，而是内心有一个想法："如果我这样做，对方就不会认为我贪便宜和吝啬了，我害怕别人说我不够真诚、不够大方。"

很多时候，我们都会掉进这个"如果"的陷阱里："如果那样，我是不是就可以如何如何，解决什么样的问题……"可惜，不管什么样的幻想，终究都会在现实中破灭，到头来你会发现，其实你只是你，自私、暴躁、狭隘、小气依然存在，从哪方面看都不完美，只是它们并非你存在的常态，而是在某些特定的时刻才会显现出来。

不过，我们根本用不着为此苦恼，因为只要是人，就必然会有阴影。与其否定和掩饰自己内心的那些阴暗面，倒不如勇敢地承认和接纳。

你可以允许自己在适当的时候表现出私心和欲望，你可以允许自己存在人性的弱点，不必要苦苦地掩饰不完美的瑕疵缺陷，违背本真地过活。

如果你觉得自己太软弱，那就努力找到软弱的对立面，让自己变得坚强；如果你被自卑困扰着，那就要在内心里寻找自信；如果你总被他人轻视，那就找到造成这种情况的根源。

接纳，才是改变的开始。终其一生，我们要成为一个完整的人，而不是完美的人。

◇ 学会接纳自我，不附加任何条件

那些站在金字塔尖上的人，总能带给人一种自信乐观、激情澎湃、敢于冒险、百折不挠的力量。我们真的不知道，究竟是这些品质造就了他们的成功，还是成功让他们变得越来越积极、越来越美好？无论答案是什么，但我们在潜意识中已经认定了一点：成功的人、优秀的人，就是这样的！

事实是否如此呢？有一个站在塔尖上的人，真实地向世人展示了成功者的另一面。

他毕业于哈佛，顺利从本科读到博士，是哈佛三名优秀生之一，被派往剑桥进行交换学习；他是个一流的运动员，16岁那年获得了全国壁球赛冠军，还传奇般地带领以色列国家队赢得壁球赛的世界冠军，被视为民族英雄；他的"积极心理学"课程，即所谓的"幸福课"在哈佛受欢迎度排名第一；他给世界500强企业做培训获得极高的评价，被誉为"摸得着的幸福"，还因此成为全美课酬最贵的积极心理学大师。

Part / 02
承认、接纳和拥抱内在的阴影

或许，你已经猜到了他的名字——沙哈尔。

你相信吗？就是这么一个在世人眼中如此"成功"的人，在接受采访时，竟也会表现出腼腆与害羞。我们印象中的成功激励大师，不应该是激情澎湃口若悬河的吗？他怎么会紧张呢？但事实告诉我们，沙哈尔教授就是这样，他看上去很平静，也很冷静，他甚至还说"我曾经不快乐了30年"，这句话让很多人一下子喜欢上他。

提到他的成功秘诀，简简单单四个字：接受自己。

他没有因为自己是专家，就要求自己必须"像"专家；他也不会因为腼腆害羞而自责，也不会为紧张而焦虑，更不会告诉自己不要紧张，或是用什么方式强行压抑紧张。面对这些具体而细微的心理情况时，他只会对自己说：我接受自己的紧张，OK, Go ahead!

提到自己最初被外派美国培训的三个月，他承认自己一直很紧张，因为在一个新的文化环境里找不到自己的位置。他曾经希望自己像某个同事一样富有感染力，幽默洒脱，他还刻意花费心思去学习模式幽默，但事实上，他的感觉并不好，因为这种行为和感觉都不够自然。后来，很多人在不经意间向他透露，更喜欢他本真的样子。于是，他又做回了自己，还惊喜地发现，这种感觉特别好。

其实，他的情形几乎每个人都遇到过，只是多数人还没有意识到，全然悦纳自己、接纳自己的不完美，可以解决很多心理问题。

我们往往会因为遭遇了失败而懊恼不已，想着自己为什么不能像谁谁谁一样。于是，我们以后可能就会效仿那个人，但因为总是看到自己的不足，到最后我们也没能和那个人一样获得成功，反倒遭受了更大的打击。还是那句话，我们太关注自己的缺陷和不足了，以至于我们的眼中就只有它，全然忘了自己还有优势可以发挥。

如果我们一直怀疑自己、否定自己，那么生活中的一切也会受到负面的影响。我们心中的那个声音，时刻准备着抓住我们的失误和弱点，然后做出严厉的批评，让我们背负令人痛苦的情绪，让我们对自己感到失望，摧毁我们的自信。如果能抛开这个声音，完全地接受自己，认为自己是值得被爱的，认为自己是有用的、乐观的，那么不管我们有多少缺陷，曾经犯过多少错，都可以平静坦然地接受，没有丝毫抵触与怨恨。

你一定会问：我该如何学会接纳自己？

接纳，意味着接受事实，承认事实。以形象为例，你可能嫌弃自己胖，嫌弃自己腿粗，嫌弃自己的身材比例，那么现在，你要做的就是——关注着镜子里的自我形象，试着对自己说："不管我有什么样的缺陷，我都无条件地完全接受，并尽可能喜欢我自己的模样。"

你可能觉得不可思议，明明不喜欢那些缺陷，为什么要接受？如何接受？

首先，你要承认镜子里的那个形象就是你自己的模样，接受这个事实，会让你觉得舒服一点。有些部分可能符合你的完美标准，有些部分则不怎么耐看……这时，你不能逃避，不要抵触和否认，而是要放弃完美，放弃"公有化"的标准——众人眼里、口中说的美好，你要用自己的标准来看待自己。这样，你才能够接受自己，肯定自己，关爱自己；也唯有认同现在的自己，才能成为真正的强者。

✧ 生而为人，承认有欲望并不是罪恶

自媒体圈的一位朋友，曾跟我吐露她在运营公众号过程中遇到的纠结。

她的文笔很好，想法独到，有好几次看到她的推文，我都感到震撼，分析的视角太独特了。由于更新频繁，又总能有出人意料的好文，她的公众号粉丝增长得很快，且阅读量也越来越高，有不少文章经常被大号转载。

公众号做得好，广告商也嗅着味道找到了她。她并不是什么广告都接，害怕伤到读者，在精挑细选之后，推荐了一款日用品，也拿到了自己的第一笔广告费。这原本是一件好事，可她还没顾得上开心，就遭到了一大群粉丝的不满和谴责。

"没想到，你也开始接广告了，失望。"

"本以为你不食烟火，原来都是假象，最终还是没禁得住铜臭的诱惑。"

"取关了，初心也不过如此，还有什么值得相信？"

承认、接纳和拥抱内在的阴影

"……"

看到这些留言,她心里五味杂陈。我问她,到底是什么感受?她说了几个词语:委屈,愤怒,焦虑,憎恶……我相信,那都是她最真实的情绪和感受,但之后她又说了一句:"我还有一点内疚,好像自己做错了什么。"

"做错什么了呢?"我继续往下问,希望她能更多地向内探索出一些东西。她思考了一会儿,带着不太确定的表情,缓缓地说:"好像是,我就应该老老实实地写文字,把有价值的想法传递出来,不应该和钱扯上关系。似乎,'赚钱'这个想法,在这里是不该有的。"

我很想知道,为什么她认为在运营公众号这件事情上,不该有赚钱的想法?她没有直接给出答案,大概是自己也没有想得特别清楚,最后只是隐约地提到:写字是一件发自内心的喜好,有那么多人欣赏她的生活态度,她害怕因为钱的问题,被人贴上"庸俗"的标签。

坦白说,很多人的内心都存在类似的挣扎,似乎潜意识里认为:承认欲望是一种罪恶。像我的这位自媒体朋友,一直被粉丝视为知性女子。于是,大家理所当然地认为那么有生活情趣、思想超脱的人,喜欢钱未免太庸俗了。也有人对性的问题心存芥蒂,哪怕夫妻生活不太理想,也不敢表达出自己的感受,总觉得有这样的欲望是羞耻的。

然而，生而为人，对金钱有欲望，对性心存期待，是罪恶吗？不，生而为人，这都是再正常不过的需求，就如同饿了想吃东西、渴了想喝水、累了想休息、孤单了想有人陪伴一样，但没有人会因为这些问题，而指责我们说"不该如此"。

欲望，是人与生俱来的正常反应，本身没有对错之分，错的是因为欲望而做出伤害他人的行为。生活是很现实的，需要金钱和物质的支撑，一个每日更新、持续输出的自媒体人，发布的每一篇文章背后，都藏着日积月累的辛苦。

要在生活中阅读大量的书籍，积极地寻找并发现素材，要构思文章的题目和框架，要静下心来去撰写并修正，写好后精心排版选图，最后呈现给读者走心的内容……这些付出，难道就应该是免费的吗？这些专职或兼职的写作者，也是需要一日三餐、缴纳房租、偿还贷款、养家糊口的，他们一样背负着生活的重担。对于这样一个为公众号倾注大量心血、时间、精力的撰稿人，我们指责她在公众号上接广告，鄙视她赚取广告费用的行为，是否太残忍了呢？

不可否认，公众号接广告是为赚钱，但依靠自己的劳动去赚钱，并不可耻；想要给自己和家人更好的生活，努力地靠自身才学、靠经营内容来赚钱，也不可耻。喜欢钱不是罪恶，只要不偷不抢不违法伤人，就无须背负内疚。

人活一世，随时随地都会对一些东西产生欲望，这是人性中的一部分，我们不用去鄙视它，也不用去厌恶它。欲望，本身只是欲望，并不代表什么。我也喜欢金钱，但这不代表我唯利是图，为了金钱不择手段。我正视这一欲望，并选择更努力地学习、更努力地工作，争取更多的业务，做好理财规划，努力去实现心中所想。

是人都有欲望，希望我们可以直面这些欲望，不去诋毁它、压制它、憎恶它，而是选择正视和接纳，并为实现合理的欲望付诸努力，最终在事业、爱情、生活层面，变得越来越好。

✧ 当阴影被看见,不意味着关系就会结束

你有没有做过这样的梦?

不知何故,突然赤身裸体地出现在某个地方,那一刻胆战心惊,充满了羞耻感,无论是否被人看见,都恨不得赶紧逃离,或是找个角落躲藏起来?

Susan有过这样的梦境,不止一次。只是一直以来,她无法理解也羞于启齿。直到那天,她无意间读到武志红老师的一番话,瞬间思绪决堤,脑海里像放映电影一般,把诸多零碎的片段拼接起来,故事是那么自然,毫无拼凑感和违和感。

原来,每一件事的发生都是有原因的。梦境中的赤裸,与性的关系不大,它的本意是真实的自我。真正试图躲藏和逃避的,不是赤裸的身体,而是潜意识里那个真实的自己,被压抑得太久乃至已经无法辨认的自己。

Susan在第一次看到村上春树写的"你要做一个不动声色的大人了,不准情绪化,不准偷偷想念,不准回头看……"时,就感到莫

名的心疼。现在想来，她应该是在这句话里，瞥见了住在身体里那个脆弱无助的小孩。

很多家庭在遭遇巨变后，原来的模式就会被打破，因为每个人都是带着创伤的，都需要去疗愈，用不同的方式，或错或对，或平缓或激烈。大概就是从那时起，Susan开始不动声色了，她不再说自己的心情和想法，把所有的感受都留给了黑夜；不袒露自己的恐惧和脆弱，假装一切都不害怕；努力把一切事做到最好，让家人感到放心和踏实；承受着难以背负的压力，咬牙憋着眼泪却只字不提。

然后呢？在很多年里，她就成了一个"乐观坚强、独立能干，做事麻利、说话很快，隐忍大度，不惜委屈自己"的姑娘。时间久了，她以为那就是她，但其实她已经忘了自己最初的样子。外表的火热、内心的孤独，成了一对矛盾体，时刻在对同一个躯体进行着惨烈的撕扯。

我曾经一度在想：人为什么要藏起真实的自己？直到看了《心灵捕手》这部电影，方才有所领悟。

有着数学天赋、放荡不羁的清洁工威尔，能够在一个晚上就做出麻省理工学院数学教授兰博两年才解开的难题。教授不想威尔的天赋被浪费，很想帮他，却遭到了拒绝。

威尔是一个内心分裂的男孩，教授为他找了五个心理医生，都没能走进他的内心。他用自己的辩才和智慧，羞辱嘲笑那些心理医生。而他所有的做法都是在掩盖一个事实，那就是怕被人看穿，怕不被接受。他是一个孤儿，在成长的过程中，遭受过养父母的多次抛弃。

后来，威尔遇到了心爱的女孩，尽管他内心很在乎对方，却不愿意进一步交往，甚至一度想要结束，声称"现在她很完美，我不想破坏"，但其实他真正的心理是"我给她留下的印象还算完美，我不想破坏"。

对Susan来说，情况也是这样：不开始就不会结束，就不会有被拒绝的可能，自然也就能够"不被看见"。她害怕把真实的自己暴露出来，怕不被接受、不被爱。然而，当她选择了回避和隐藏，也就等于选择了把爱推开。

Susan和威尔一样，有过相似的行为选择，且都是在没有觉知的情况下做出的这种选择。他们都不愿意说出真实的想法，不愿意去谈真实的感受，不想面对曾经发生的一切，害怕暴露了真实的自己，就会不被爱，被抛弃。他们总觉得要以一个"完美"的形象出现在人前，才能赢得喜欢和尊重。

其实，他们都错了。真正不接受自己的人，不是外界的任何人，只有自己。正因为他们压抑了真实的自己，才让生活中的一切变成了自己不喜欢的模样。

第一次会面做治疗，威尔从桑恩的画中，看穿了他的心思。桑恩没有像其他心理咨询师一样放弃他，而是直接表达出自己的愤怒，甚至掐住威尔的脖子。这是桑恩与威尔的区别，他在感到愤怒的时候，会袒露自己真实的心声，表达出自己的情绪。

威尔发现，当一个人敞开心扉，允许真实的自我"被看见"时，不一定意味着关系会结束。事实证明，桑恩的确拥有过一段非常美好的亲密关系。影片中，桑恩最后一直对威尔重复着一句话："不是你的错。"无论威尔做出什么样的反应，他都在不停地说这句话。直到最后，威尔抱着桑恩失声痛哭。

那一刻，威尔真的与过去握手言和了，他也终于意识到了，那一段被抛弃的经历只代表过去，那不是他的失败，不是他的过错，而他应该活出自己本来的样子。

每个人都有生命中最艰难的时候，在那段日子，人们一定是经历了人生的重大转折，会失去很多，要结束很多。没有一种人生像配钥匙那般，能从同一个模子里出来，完全地被复制。只有在痛苦中觉知自我，才能真正地成长，与深陷已久的漩涡告别。

许久以后，Susan终于也明白了这一点。她告诉我，属于内心的那一份"平静"，藏在自我觉知与反省的路上。是的，我们只有勇敢地面对自己、接纳自己，才能由内至外地充满力量。这种力量是平和的、温柔的、慈悲的，因为它饱含了对自己、对过往的包容与爱。

◆ 从容拥抱阴影的人,才有资格享受光明

前段时间,网上流传着一个视频:一位女士走在街头,身后跟着一个小女孩。女士看起来很愤怒,之后竟然对小女孩大打出手。看到这一幕的时候,几乎所有网友都觉得小女孩很可怜,猜测打她的人,多半是她的继母。当视频被曝光后,事实逐渐浮出水面,令人震惊的是,殴打小女孩的人,并不是她的继母,而是她的亲生母亲。

面对这一事实,网友众说纷纭,概括来讲无外乎就是——

· 孩子是自己亲生的,怎么能下得去手?

· 如果不会教养,当初干脆就不要生孩子!

· 小女孩有这样的妈,怕是得用一辈子去治愈童年了。

· ……

我们并不是当事人,也不知道母女二人当时处在怎样的境遇中,又发生了什么样的问题?更不知道,这位母亲经历了什么,抑或是处于什么样的状态?尽管我也不认可她殴打孩子的行为,可在未知状况如此多的情况下,我无法去评判什么。在这里,我之所以

把这件事拿出来说，也是想引出一个与"阴影"相关的问题：一个亲生母亲，究竟会不会在某一时刻，憎恨自己的孩子？

美国畅销书作家黛比·福特，曾讲述过这样一件事：

在她的心理辅导课上，有个女学员哭着站了起来，说她承受了巨大的痛苦，内心里经常冒出一些糟糕的想法，令她感到无比羞耻。在经过很长时间的探讨与开导后，这个女学员终于承认，她对自己的女儿怀恨在心。当她用细小微弱的声音一遍又一遍地重复"我恨我女儿"这句话时，教室里的其他学员都注视着她，有些人的眼睛里透露出同情，而有些人则流露出厌恶、嫌弃的表情。

黛比·福特跟这个女学员聊了一会儿后，对她说出这样的话："你有这样的想法，并不是不可原谅的，你必须正视自己内心对女儿的恨意。"之后，黛比·福特让在座的有孩子的学员举手，之后让他们闭上眼睛，回想自己过去是否有对孩子产生恨意的时候？所有举手的学员，几乎都承认，他们至少经历过一次这样的时候。

接下来，黛比·福特让他们发挥想象力，思考这种恨意有可能带来的好处。然后，这些学员陆续说出了一些在此之前从未想到过的东西：可以让我清醒、加深对孩子的爱、彻底地发泄一下。当然，这并不是重点，重要的是所有人都开始意识到：他们并不能控制自己的感情，尽管他们不愿恨自己的孩子，可有些时候就是会感到恨意。

这时候,那位重复"我恨我女儿"的女学员,才恍然意识到,原来自己的情况并不是个案。黛比·福特解释说:"我们都需要体验憎恨的感觉,只有理解了恨,才能理解爱。只有当我们刻意压抑心中的恨意时,它才会对我们自己和别人造成伤害。"

经过了一番深谈,那位女学员意识到:她心中的恨意,是她本能的防御机制,可以让她在爱着女儿的同时,又能维持自己的私人空间不受侵犯。虽然这份恨意,曾经给她带来巨大的痛苦,可也正是这种恨意的存在,开启了她检视内心阴影、找回完整自我的大门。

两周以后,那位女学员再次找到黛比·福特,向她反馈自己的收获。原来,她回到家后,决定冒险把自己多年来的真实想法,如实地告诉女儿。没想到,女儿听过后,竟然放声大哭,把自己多年来压抑的感情,以及对母亲的恨意,也都释放了出来。之后,母女二人共进午餐,彼此都感觉和对方的关系亲密了很多。

这对母女的心中,原本都有很多压抑的感情,藏在内心的恨意,被她们故意忽视,总觉得难以启齿,以至于过去在一起相处时,经常争吵。可当这种恨意被承认了,得到排解和释放,她们反倒松了一口气,获得了更融洽、更美好的关系。

我们身上的每一种特质、心中的每一份感情,都可以让我们获得某一方面的收获。阴影,是我们生命中的一部分,它之所以为阴影,是为了让我们注意到它的存在。当我们关注了它,它就会指引我们去寻找完整的自我，发现阴影的另一面——光明。

如果我们压抑阴影，它将永远都只是阴影；而如果我们接纳阴影，去探索它的另一面，就可以疗愈伤痛，点亮生活。内在的阴影是黑暗的，会让人心生恐惧，会让人想要逃避，但它里面藏着让人受益一生的宝藏，唯有从容接纳黑暗的人，才有资格享受光明，找寻到弥足珍贵的爱与力量。

Part / 03

对生命带给自己的一切说"是"

假如我们接受生命是不安全的，是总在改变的，
那么随之而来的唯一能让我们感觉活生生和充满能量的路，
便是勇敢地活在不安全里，
勇敢地对改变说"是"，甚至对混乱说是。
无论生命带给我们什么，我们只是顺流而行。

——奥南朵

✧ 生活泥沙俱下，学会带着问题往前走

前段时间我跟一位朋友聊天，他抱怨自己的公司总是频繁地出问题，为此头疼不已。其实，他这家公司已经成立两年，收入从0增长到300万，经营得还算不错。

我问他："你期待的公司是一个什么样的状况？或者说，你认为什么时候公司会没有问题？"朋友撇嘴一笑，说："估计是关门那天吧！"

我想，无论是经营企业，还是经营人生，我们永远都不能指望日子平顺得像一条直线，那就失去了生活的味道和意义。就算你解决了眼下的问题，解决掉了一批问题，也不代表今后就可以一帆风顺；而你的解决方案，还可能还会导致下一批问题的产生。

就像电影《蝴蝶效应》里呈现的那样，卡在某个时间节点上，想着把这个问题处理掉，一切都会不一样，此刻的麻烦和痛苦就会消失。结果呢？就算我们真回到了那个节点，把当时的问题事件解决了，就会发现又冒出了更棘手的问题，还不如当初。

所以，什么时候能把生活中的问题都解决掉？答案只有一个：永远不可能。

抖音上有一条播放量超过3000万的视频：一个女孩，因肾结石卡在输尿管，导致身患复杂的慢性病。女孩一边四处求医治疗，一边继续追逐她的"民宿梦"，一套又一套地改造"老破小"的房子，把它们变成美丽而有情调的民宿，接待游客。女孩的心态比较稳定，她说："我不是每一天都在生病，正常的时候，我也想打扮得漂漂亮亮的，为梦想努力奋斗。"

带着病痛努力生活，这是视频传递出来的力量。然而，面对这件事，很多人却会陷入沉思中，并提出质疑：生病了，不是应该先去看病吗？不是应该等病好了，再想着化妆录视频、吸引粉丝赚钱吗？一门心思想赚钱，会不会是骗子？

实际上，这就是典型的"消灭问题"的逻辑：问题不解决之前，人生就只剩下解决问题这一件事，因为失控的人生，没有办法继续。秉持这种逻辑的人，可能忽略了一个真相：有些问题可以解决，有些问题短时间内无法解决，甚至还有一些问题，终生无解。

资深的商业研究者张潇雨老师，曾经说过这样一番话："人生中的绝大部分问题，都像是一块布上的褶皱。解决它的办法，不是跟这个褶皱的部分较劲，而是把布的其他地方铺平，这个褶皱自然就消失了。"

生活的真实面貌，就是泥沙俱下，鲜花与荆棘并存。我们一直强调人要学会在挫折中成长，但成长并不意味着要把所有的问题都解决掉，而是意味着我们透过眼下的问题，可以锤炼出更强的能力，继而去处理更大、更复杂的问题。反过来说，当我们能够面对和解决越来越大的问题时，也就意味着我们自身的优势与能力在提升。

我们不能聚焦于问题本身，而是要着眼于自身的整体状态，不断地去优化和提升，带着问题积极地生活。每一个问题，都有其发生和存续的机缘。当时空更迭，规律显现，而我们又以更加饱满、更有智慧的状态重新审视它时，可能一切就迎刃而解了。

当然，在这个问题过后，还会有新的问题呈现，因为生活就是被一个又一个问题串联起来的。我们要学会的是，接受变化，接受不确定性，接受问题层出不穷的事实。面对问题，我们更需要有说"是"的勇气，在我们接受问题的那一瞬间，它就不再是一个问题，因为我们停止了给它能量。反之，越是说不该如此，问题就会变得更加棘手。

不圆满是生命的形式，身为普通人，我们都要接受对生命说"是"的挑战，接受不完美，接受局限，接受生命此刻所呈现的样子。对生命说"是"，对生命中遭遇到的任何状况说"是"，才是最佳的生活方式。

◇ 痛苦是压不住的，回归自己的感受

很早以前我就听说过《异度空间》这部电影，但误以为这是恐怖片，就一直没敢去看。后来在上心理学影视案例分析课时，老师播放了电影中的一部分片段，我这才恍悟影片的实质内容是心理学。

《异度空间》里的确有一些所谓的"恐怖画面"，如果不了解心理学，可能会把它认定为恐怖片，甚至认为是"闹鬼"。其实，如果用心理学去分析，我们就会发现那些所谓的"闹鬼"，都是精神分裂患者产生的一系列幻觉，如幻视、幻听等，这才是真正折磨人的根源。

《异度空间》里的女患者章昕，经常称自己"见鬼"，感觉过敏。当与她交往的男生受不了她的神经质提出分手，她就会割腕、吞食安定自杀。其实，她在卫生间里听到的那些鬼哭狼嚎的声音，是来自一个变态邻居透过下水管道刻意发出的声音；至于她说自己看到的那些恐怖画面，也是幻视，根本不是现实。

对章昕来说，真正的"鬼"是她内心严重缺乏安全感。年少

时父母离异，纷纷去了澳大利亚，找到各自的真爱，把她一人留在香港。这样的成长环境，自然让她渴望爱，可一旦拥有了又害怕失去，就会忍不住去"占有"。

我们都知道，"占有"的爱是令人压抑的，甚至会让人窒息，这也是男友离她而去的原因。男友的抛弃，勾起了她过去的创伤，而这些东西她又从来没有跟人说起，久而久之，就成了心理疾病。

张国荣饰演的医生Jim，在最后给章昕治疗时，把她的父母找了回来。当着父母的面，章昕痛哭嘶吼："为什么你们不要我？"把她内心积压多年的怨恨，全都吼了出来。那一刻，章昕把她所有意识到的、没有意识到的情绪，统统都释放了出来。自那以后，在表姐和Jim的陪伴下，她的睡眠障碍、幻视幻听等问题，都没有再出现。

给章昕治疗的医生Jim，是一个典型的工作狂，很少参加朋友间的聚会，除了办公室就是家，除了给病人看诊，就是翻看病人的病历资料。在公开演讲课上，他讲得头头是道，在医院里也是颇受人尊重的精神科医生。

从表面上看，他再正常不过了，可深入去看就会发现，他的身心都是有问题的。身体方面，他属于亚健康的状态；心理方面，也是随着影片的进展，让人不寒而栗。他开车的时候，突然会看到"女鬼"的影子，看似是见鬼，其实是幻觉。

这种幻觉，出现的次数越来越多，以至于让他无法平静下来。焦虑不安的他，竟然在医院对自己实施了电击，幸好被护士长发现，不然很可能就没命了。真正发现他异常的，是从病人发展成为他女友的章昕，因为Jim晚上有严重的梦游情况。

因为对梦游了解得不多，所以我特意去查询了一些资料，大致是说：成年人发生梦游，多与患精神分裂症、神经官能症有关，往往伴有攻击性。从病因上看，这是精神压抑导致的，要根治梦游必须解决患者内心深处的压抑，因为梦游者的梦游行为十有八九代表了他内心深处的想法。

以Jim为例，他在梦游时不停地做一件事：翻找资料，再收拾好。那些资料，就是当年他读大学时，跟女友闹矛盾，结果女友跳楼自杀的资料。这件事当时被各大媒体报道，他平时不敢拿出这些东西，以为自己是扔掉了，但其实是他一直在逃避这个事实，不想去面对。

他每天都感觉自己被"女鬼"纠缠，纠缠到最后，就跑到了天台，把压抑已久的事实说了出来。女友自杀前，喊着要见他，而他也是准备上去的，但无奈被警察带了下去，还告诉他"不会有事"。可就在他刚刚走到楼下时，就看到了女友从天台坠落。

这是一个巨大的创伤性事件，也是他内心压抑而无法诉说的痛苦。女友的家人追着他打，责备他，说他逃不掉。这些东西压在他心里，在夜深人静的时候，就成了最难以醒来的噩梦。最后，被精神分裂折磨得跑到天台上的他，对幻觉中产生的"女鬼"说：我陪你一起死。

这个时候，"女鬼"突然不那么凌厉了，甚至走上前去亲吻他，还说："我不爱你了，我不要了。"之后，有人向Jim伸出了一双手，拉着他回到现实。这个人，就是章昕。

电影里的悲剧避免了。然而，饰演Jim的张国荣，却在电影上映后的次年，因抑郁症从酒店的高层坠亡。如果那一刻，也有人向他伸出一双手，悲剧能否避免呢？答案不得而知，但毫无疑问，我们透过电影和现实看到了，被精神疾病折磨的人是极度痛苦的。

章昕的房东，也是一个可怜人。这个老实憨厚的男人，原本有个幸福的家庭，有相亲相爱的妻子，和一个可爱的儿子。然而，妻子和儿子却在一次意外的山泥倾泻中去世。这样的打击，落在谁身上，都是一场致命的浩劫。

章昕与房东合住在复式楼，原本不知道他家的情况，只看到一些照片，就随口问他："那是你的家人吗？"他笑着说："是我妻子和儿子，他们都不在了，是意外。"说这些话时，他的表情云淡风轻的，就像在讲述别人家的故事。

在心理学上，这种情况被称为"情感隔离"，是一种常见的心理防御机制。有些异常的心理症状是折磨人的，有些却能给人带来

"好处"。情感隔离的积极意义就在于，它让人遇到了自己解决不了的问题时，潜意识地选择回避，不让自己对创伤和痛苦流露出情绪。

然而，隔离，真的就能不痛苦吗？其实，越隔离，反而越脆弱。章昕发现，房东经常把妻子和儿子的拖鞋放在屋内，说等他们回来就能换上干净的，说自己这些年一直在等他们，万一回来了呢？原来，那些云淡风轻的背后，早已是磨人至极的疯癫。

看完这部电影，我最大的感触是，无论是普通人，还是具备心理学、医学专业知识的精神科医生，在痛苦面前，没有谁是云淡风轻的，关键是要学会如何去处理这种些痛苦。创伤对于任何人来说，都是一种莫大的伤害，由此造成的痛苦也是不可回避的。逃避、压抑、无视，都不能真正地解决问题。该把痛苦释放出来时，就要把它放出去，不能硬撑、故作坚强，要回归自己的感受。只有承认痛苦，释放痛苦，它才不会变成纠缠我们一生的"厉鬼"。

❖ 发生在自己身上的事，试着臣服于它

"其实人活着就挺好，至于生命有没有意义另当别论。活着每天都会有太阳升起来，每天都会看到太阳落下去。你就可以看到朝霞，看到晚霞，看到月亮升起和落下，看到满天的繁星，这就是活着的最美好的意义所在。"时隔很久，再读俞敏洪说的这番话，我心里别有一番滋味。我想，这大概就是时间和阅历赋予人的变化和成长吧！

前段时间，我接到高中同学燕子发来的消息，她告诉我：工伤报下来了，从今往后可以有护理费和津贴补助了。此时，距离那场可怕的车祸，已经过去了快两年的时间。她在回忆整件事情时，只跟我说了四个字：造化弄人。

过去的她，热情开朗，特别能"折腾"。她说："我过去很不喜欢一成不变的生活，所以也不愿意做那些相对安稳的工作，现在好了，我一眼就能看到老了。"

我们总憧憬着生活应该有另一番天地，但生活却用我们最厌

恶、最恐惧的那种方式，逼迫着我们成长和改变。似乎不让人痛苦到极限，都不足以让我们告别过去的自己。

活着，真的是一场修行。

未经世事时，我们都向往过轰轰烈烈、与众不同的生活；可当风雨来袭，痛不欲生的时候，才发现做一个普通的人，平平淡淡地过完一辈子，才是最珍贵、最遥不可及的奢望。

在电视里看到一对夫妻，女的只有脑袋和手是正常的，下半身没有了，上半身也是萎缩的；男的胯骨以下僵直。所有人都觉得，他们没有办法正常生活，可他们就是相爱，相互扶持着，过着常人难以想象的真实日子。

出于本能，为了活下去，人们总要想办法跨过那看似不可能逾越的鸿沟。只是这个过程中的艰难，外人难以想象。可能最初也觉得自己熬不过去，到最后，连滚带爬地也过来了。就好像《活着》里的福贵，到最后已经不是为什么而活着，就只为了活着本身。

这一年里，燕子经历了四次大的手术和两次小的手术，有过无数次的幻肢痛，也有过忘了缺少一条右腿的事实而摔倒的刺痛。在适应假肢的过程中，跌跌撞撞就更不用说了。可是现在，她已经能单腿蹦了。

每次遇到这样的情形，都会有很多人对她说：你很坚强。

这样的话，我也曾经在咬牙混着血泪往肚子里咽的时候听过。

但有谁知道，坚强的背后，还藏着太多难以启齿的无可奈何。不坚强又该如何呢？人总要活下去，总得活下去。所谓的励志，早已经不是要做给谁看了，只是为了更好地活着，不给周围的人添麻烦。

"不坚强，我还有选择吗？人生就是单选，特别是在逆境的时候。"

这句话可谓人生哲理，也只有经历过的人才会懂。住院的时候，医生轮番给燕子做工作，怕她想不开跳楼。可她说，算一笔账就想开了："我死了，肇事司机赔偿10万块丧葬费，我活着，也许还能'掏光'他。"当然，这话里有调侃的味道，但也有她乐观的痕迹。

她告诉我，在刚发生这件事时，她也会不断逃避，不敢相信这样的事情竟然发生在自己身上。像所有经历丧失的人一样，她也追问过、怨恨过：为什么是我？为什么偏偏是我？我没有不遵守交通规则，我明明是绿灯通行，那辆大车为什么要闯红灯？

可她知道，怨恨再多也没用了，她睁开眼看到的，再也不会是从前那个完好无缺的自己。已经缺失的右腿，以及那麻木不灵动的右臂，还有身上多处触目惊心的伤疤，就活生生地摆在她眼前，容不得她去欺骗自己。

没有什么生来的坚强，坚强两个字裹挟着太多的隐忍，逼迫自己去硬撑的结果，可能是更大的崩塌。燕子展示出来的"坚强"，其实是接受现实后的坦然。她说："不去回想的时候，也就不觉得难受了。既然天让我活着，我也想活着，那就得有个活着的样子。"出了手术室后，燕子跟妈妈说了一句掏心窝的话："以前的那个我，已经死了。现在的我，是只有一条腿的我，我以后得用这一条腿生活。"

我在想，人生最纠结的是什么？生，无法选择；死，一了百了。最痛苦的莫过于，既不敢去死，又没勇气好好活，夹在中间折磨自己，最后弄得人不人、鬼不鬼。

有时候，我们会把事情想象得过于糟糕，尽管它看起来确实挺不堪的，但那未必就是死路一条。真正把人堵死的，是感性加消极的思维。人生不设限的说法，其实还是蛮有道理的。你觉得完蛋了，那就真的完蛋了；你觉得还有点希望，还不想放弃，那你总能想到办法，让自己熬过这个艰难的坎儿。

我不知道，此刻的你正在经历什么，但既然我们都选择了活着，既然还对这个世界上的人与事有所眷恋，那么主动也好，被动也罢，最终我们都得去接纳丑陋的现实，和那个不够美好的自己。至于如何接受，借由燕子的经历和我自身的感触，大概就是两个字——"臣服"。

张德芬在《遇见未知的自己》里说过一段话："每个发生在你身上的事件都是一个礼物，只是有的礼物包装得很难看，让我们心怀怨愤或是心存恐惧。所以，它可以是一个灾难，也可以是一个礼物。如果你能带着信心，给它一点时间，耐心细心地拆开这个惨不忍睹的外壳包装，你就会享受到它内在蕴含着的丰盛美好，而且是精心为你量身打造的礼物。所以，虽然现在我们正处在低谷，请你开始感恩，因为我们已经开始拆开那个礼物了，请让我们继续勇敢地、乐观地去面对，我们会看到那个不一样的惊喜！"

　　有些事情，发生了就是发生了，犹如时光无法倒流，我们要学会接受。越抗拒的东西，越会持续存在。这段话送给你，也送给我自己，但愿在未来很长的人生路上，我们都有勇气对生命中发生的一切说"是"，并有勇气承担自己的那一份责任。

✧ 在伤痛与残缺之外，仍有照亮生命的光

生活中的许多意外，不是人为能够控制的，但若不幸发生了，我们就要学着对它说"是"，去承受现实的结果。所谓接受，不是沮丧地承认它的存在，而是相信自己可以带着伤痛获得更好的生活，成为命运的设计师。事实上，我们也的确具备这样的能力。

米契尔曾经是一个不幸的人。由于一次意外事故，他全身65%以上的皮肤都被烧坏了，做了16次整形手术。手术后的他，依然无法像正常人那样生活，他不能拿起叉子，不能打电话，不能独自去厕所。作为一名退役的海军陆战队队员，部队的经历给了他顽强的意志力，他不觉得自己一辈子就这样了，而是坦荡地说："我完全可以利用掌握我的人生之船，我可以选择把目前的状况看成倒退或是一个起点。"

你能想象得到吗？六个月后，米契尔竟然可以开飞机了！他在科罗拉多州买了一幢房子、一架飞机，还有一间酒吧。他还跟两个朋友合资开了一家公司，专门生产以木材为燃料的炉子，这家公司

后来成为佛蒙特州第二大的私人企业。

米契尔的生活并不是从此真的一帆风顺了。就在他开办公司后的第四年，意外再次发生：他驾驶的飞机在起飞时掉回跑道，将其胸部的12条脊椎骨压得粉碎，腰部以下永远瘫痪！

作为受害者，他也不能理解，为什么这样的事情总是发生在他身上？可事情既然发生了，他也只能告诉自己：接受！他没有因为医生的话而沮丧，而是努力让自己达到最大限度的独立自主，而后他被选为科罗拉多州孤峰顶镇的镇长，负责保护小镇的美景和环境，不让其因矿产的开采遭到破坏。再后来，他拿到了公共行政硕士学位，继续他的飞行活动、环保运动，以及为了竞选国会议员而开展的公共演说，还解决了自己的终身大事。

关于自己的遭遇，米契尔说道："我瘫痪之前能做1万件事，现在我只能做9000件，我就把注意力放在我还能做的9000件事上。我的人生曾遭受过两次重大的挫折，但我没有把它们当成放弃努力的借口。或许，你们也可以用一个新的角度，来看待一些一直让你们裹足不前的经历。你可以退一步，想开一点，然后对自己说'没什么大不了的'。"

1987年3月30日晚，第59届奥斯卡金像奖的颁奖仪式在洛杉矶音乐中心的钱德勒大厅举行。在灯火辉煌的大厅里，主持人宣布："最佳女主角奖由在《上帝的孩子》中表现出色的玛丽·马特林获得。"全场掌声如雷,在众人的祝福中,玛丽·马特林轻盈地走上舞台,从上届奥斯卡金像奖最佳男主角的获得者威廉·赫特手中接过奖杯。

玛丽·马特林非常激动,她的表情告诉大家,她有很多话想说。可是,场上安静极了,人们并未听到她的声音,只是看到她用手语表达出:"其实,我并没有准备发言,此时此刻,我要感谢电影艺术科学家,感谢剧组的全体同事……"

是的,玛丽·马特林不会说话,她是一个聋哑人。在她18个月时,因为高烧丧失了听说能力。但她并未向悲惨的命运低头,而是依然满怀激情地面对生活。

热情表演的她,8岁时加入了伊利诺伊州的聋哑儿童剧院。一年后,她在《盎司魔术师》中饰演了多萝西一角。16岁那年,她被迫离开了聋哑儿童剧院,之后便常常接到一些邀请她用手语表演的角色。她非常珍惜这些机会,努力提高自己的演技,并从中找到了自己的人生定位。1985年,玛丽·马特林在舞台剧《上帝的孩子》中饰演了一个不太重要的角色。不久后,导演兰达·海恩斯决定将这部舞台剧拍成电影。

然而,在挑选女主角的演员时,兰达·海恩斯遇到了很大的困难。几经周折的他,在重新观看了舞台剧《上帝的孩子》时,无意间发现了玛丽·马特林,被她高超的演技打动,随后他就邀请马特林加入剧组，饰演影片的女一号。

整部电影中，马特林没有一句台词，但她严谨地对待每个镜头，凭借丰富的表情、眼神和动作，把女主角自卑与不屈、孤独与多情、消沉与奋进的内心世界完美地诠释了出来。从此，玛丽·马特林正式走上了银幕，成为美国电影史上屈指可数的、优秀的聋哑女演员。

人一生中最难得的就是一颗"臣服"的心，有了它的存在，便能在众多坎坷的牵绊中优雅地行走。无论生活给了我们什么，我们都需要用"臣服"的心去看待，用自己尚存的光和热去照耀生活、温暖生活，这种信心和希望会赋予我们无限的力量，为生命带来奇迹。

✧ 纵使不完美，人生依然值得好好继续

我曾一度认为，别人对自己的好、对自己的喜欢，都应该是有条件的。一旦我丧失了那些优势，或是不再那么出众，那份欣赏和喜欢就会减退。现在我自然懂得了，一切都是自己的设想。有一些喜欢和被喜欢，不用做刻意的努力，所有的不确定，都只是来自内心的不笃定，以及对某些事物错误的认知。

这种感受，在我看完渡边淳一的《红花》后，更加根深蒂固了。

《红花》的主人公是28岁的冬子，因肌瘤被摘除了子宫。失去了子宫，女人还是女人吗？这样的疑问，一直在冬子的心里翻腾，成了一道梗。

冬子的身体发生了一系列的变化，在和心爱的贵志同床时，她变成了性冷淡，无法再像过去那样投入其中，享受男女之爱的美妙。

她觉得，一个女人没有了子宫，身体也就不可能再燃烧了，更不可能有高潮。

年轻的船津也喜欢冬子,可她不敢接受这个可爱的男人。因为,她不相信,一个失去了子宫、无法做母亲、比船津还要年长2岁的女人,真的会成为他的挚爱。

冬子没有同性恋的倾向,可在面对中山夫人(一个同样因肌瘤失去子宫的女人,手术后情感受挫,成为双性恋)的挑逗时,却没有拒绝。她接受了中山夫人的同性之爱,但她的内心并不喜欢这种感受。

从失去子宫的那一刻起,冬子的内在生命好像也戛然而止了。她还那么年轻,还没有结婚,却不会再有例假,也不可能成为母亲。这种苦楚,冬子无处可说。即便身边也有与自己经历相同的人,但人与人之间的差异太大,无法感同身受。

人生,还可以更糟糕吗?墨菲定律告诉我们:如果一件事还有变得更糟糕的可能,那么它一定会的。这句话,在冬子身上应验了。船津离开日本的前一天晚上,冬子在路上被两个男人强暴了。对任何女性来说,这都是一件残酷而可悲的事情,对冬子而言更是如此。

看到这里的时候,我不禁捏了一把汗:她的身体缺陷已经让她自惭形秽了,这个不幸的遭遇会不会把她推向绝望的深渊?命运的安排过于残忍,可冬子却在哀叹的同时,奇迹般地恢复了感觉。她没有报警,也没有把这件事告诉任何人。在回想整件事时,她更没有歇斯底里、悲痛欲绝，因为在被强暴的那一刻，她发现自己的身体竟然有了一丝丝感觉。

"红花"——我这才意识到，渡边淳一为什么给此书起这样的名字。

红色的花，是燃烧着生命和希望的花。冬子一度认为，她不再是女人了，不再会有美好的性感受了，也不会再被男人爱了。可当最坏的事情发生后，她觉得已经没有什么东西可以再失去了，索性也就放开了自己。

强暴事件发生后，在面对贵志的时候，冬子多了几分坦然，无论贵志是否会跟妻子离婚，她都不那么介意了。在与贵志亲密接触的时候，她放下了"没有子宫的女人，还是女人吗"的包袱，专注于那一刻的感受，身体果然又像从前那样燃烧起来。与此同时，在面对中山夫人的挑逗时，她没有像从前那样违心附和，而是果断、勇敢地拒绝了。

她从未像现在这样有力量，那种力量是来自内心的。

花开花落，竟也是一次涅槃。

在这部关于自愈的小说里，我忽然发现，相比那些缺失的器官而言，精神上的缺失更可怕。冬子失去了子宫，那是作为女性特有的一个重要器官，她深陷在这个缺憾中，认为失去了子宫的女人，就失去了拥有一切美好的可能。

在经历了风雨洗礼和痛苦折磨之后，冬子苏醒了，她不再彷徨，她突然意识到，失去了的那个重要器官，也不过是一个器官，而不是生命本身。

生命，是可以以多种形式存在的，没有标准和定论。我们不是冬子，没有相同的经历，但都不可避免地要面对残缺和不完美。有些事，发生了就不可能再改变；有些人，失去了就不可能再拥有。岁月和时光，更不可能让人生重来。

当我感慨过往浪费了太多的时间和精力，没能好好地爱自己、过自己想要的生活时，也会有一种"最好的时光已经错过了"的遗憾，甚至觉得今后都无法再弥补了。偶尔，看到别人在同一领域内做得那么出色，我也会心生羡慕，继而涌起自卑。

是不是错过了某段岁月，爱错了某个人，失去了某样东西，人生真的就无法再与美好相拥了？于这个漩涡中挣扎的我，在冬子的身上看到了另一种可能。说到底，我们还是害怕去走那条少有人走的路，因为没有可参照的模板，不相信自己具备走下去的勇气和力量。

完美是人生的理想，残缺是人生的基调。写下这些文字的时候，我的内心已经很平静了。我接纳了自己就是一个普通人的事实，我承认了自己精力有限，也允许自己有灵感丧失的时刻。其实我们都一样，就算没有做到那么出色，就算过往的一切不够美好，也不该成为我们自暴自弃的理由。

二十岁时，我想活给很多人看；三十岁时，我只想活给自己看。一个人若能活出自己的真性情，接纳发生在自己身上的一切，其实就已经足够了。现在，如果你问我，什么样的人生最美好？我想说："即使过程不完美，也仍想好好继续。这就是最美好的人生。"

Part / 04

情绪还会回来，愿你我不再抗拒

情绪会来就会走，它不会一直都在。
给负面的情绪一个空间，学会和它相处。
当你的内在世界调整得很好的时候，
你的外在世界就会自然而然变得很顺利。

——张德芬

✧ 承认自己和他人都是会有情绪的

很多人在描述自己的情绪时，就像是在描述一件陌生的东西，或是尽量想剥离情绪和自己的联系，他们可能会这样说："不是我脾气大，爱生气，是你做得太过分"；更有甚者认为，只有理性的自己才是自己，而情绪是魔鬼附在了自己身上。

无论哪一种情况，都是在拒绝承认情绪出现或出现过。而这种消极的对抗情绪，恰恰阻碍了情绪调节的发生。换句话说，我们想要调节情绪，先得承认情绪——"我确实有点愤怒""我正陷入焦虑中"，而不是忍着或逃避。

我们可以做这样一个假设：有一对夫妻，丈夫在家很少做家务，对于这件事，妻子是很不满的。只是，结婚六七年，妻子一直没有工作，都是丈夫在赚钱养家。实际上，在家里照顾孩子、做家务，也是很辛苦的事，她心里有委屈，却一直忍着不说。

有时候，丈夫会邀请朋友过来玩，招待客人需要妻子做一桌子的饭菜，事后还要收拾残局。妻子并不喜欢这样，毕竟每次做饭就已经很累了，收拾厨房也得花费一个多小时的工夫，期间还要饱受孩子的不断"侵扰"。

但妻子是一个习惯隐忍的人，很少发脾气，这些事情她就默默地承受了。一次可以，两次可以，可天长日久，她也烦了。渐渐地，她开始变得不爱说话，经常打不起精神，觉得日子过得没意思。丈夫看到她这副模样，也很不理解：没有人招惹你，你为什么每天无精打采？整天待在死气沉沉的家里，谁受得了？

结果可想而知，两个人相互不理解，关系慢慢变淡，甚至闹得不欢而散。

从小到大，经常有人教育我们说，要学会包容，学会忍让。然而，真的任何问题都能够忍让吗？忍让又能真的能解决问题吗？为什么一定要忍让？说出自己的情绪，道出内心真实的想法，有什么错吗？看过那么多的事实，我们大概都看到了：忍让的结果，往往是积压更多的不满，让矛盾上升到不可协调的地步。

每个人的内心都有一个小王国，而我们理所当然地把自己视为过往，希望身边的每一个人都围绕着我们转，听我们的话，服从我们的意志。但生活不是童话，我们把自己当成国王，其他人也一样把自己视为内心世界的国王。所以，在绝大多数时候，别人都不可能顺着我们的意愿来行事。对于这样的情况，我们的感受往往是——你给我制造了烦恼，给我带来了痛苦，"他人"即是地狱。

面对这样的情况，怎么做才是最恰当的？或者说，如何让"他人"不是地狱？答案，依然要回归到我们自己身上，那就是把自己身上的这个地狱化解掉，承认自己是一个有情绪的人，也承认别人是有情绪的人；我们有舒服地做自己的愿望，别人也有这样的愿望。只有承认情绪的存在，我们才可能跟自己的情绪、跟他人的情绪握手言和。

在玩具店里经常会看到这样的情况：家长不给小孩买某款玩具，孩子就开始哭。这个时候，父母会觉得孩子不懂事，引起围观，遭到评议，然后就训斥孩子，指责孩子没出息。遭到了批评的孩子，非但没有变得听话，反而哭得更严重。

小孩喜欢玩具是天性，如果孩子到了玩具店，看到每个喜欢的玩具都压抑着自己，装作不喜欢，当父母要买给他的时候，他也忍住说："不，我不要，谢谢。"这样的小孩，还是小孩吗？面对这样的孩子，你不觉得心疼吗？

借由我们前面说的，要承认自己和他人都是有情绪的人，我们不妨蹲下来跟孩子沟通："妈妈看得出来，你很喜欢这个玩具，对吗？"对此，孩子一定会点头承认。你可以继续与他沟通："妈妈不同意给你买这个玩具，你心里不开心，有点难过，对吗？"多数时候，孩子听到这句话，会委屈得掉眼泪，因为他的难过和委屈被共情到了。

然后，你可以再向孩子表达你的情绪："妈妈理解你，但你刚刚的行为，也让妈妈不太开心。我不同意买玩具，是因为……你能理解妈妈吗？"当你能心平气和地接受孩子的情绪，并且把自己的感受和原因告诉孩子时，往往就能把问题处理掉，既不让自己感受愤怒，也不让孩子感受着委屈和伤害。

下一次，再感受到自己的情绪或他人的情绪时，希望你也可以勇敢地承认它。承认，本身就已经是在接纳了，因为容忍和逃避的底层逻辑是——"我不想它对我的生活造成影响，我讨厌它，我不该这样"，或者是"你不该这样对我，我讨厌你这个样子"；而接纳的底层逻辑是——"我有些难过，但没关系，我理解它的出现，也能接受它伴随我一段时间。毕竟，我也是一个普通人……"

亲爱的，你感受到了吗？承认的背后，是一种对真实自我的善待，也是对他人不完美的包容，这里面饱含着爱与信任，而这是生命中最有力量、最为宝贵的东西。

✧ 情绪只是客观存在，没有好坏之分

2019年冬天，我参加了中国心理科学传播讲师的集训和考试。说实话，参加这个考试的初衷之一，就是我想挑战自己，训练自己当众演讲的能力。在演讲考试环节，学员是按照抽签来确定题目的，而我抽到的刚好是情绪调节。

对这个题目，我思考了大半个晚上，最后决定，还是从对情绪的认知入手，因为我对这一点深有体会。前些年，我写过不少的心灵鸡汤，现在回头翻看，有一种恍如隔世的感觉，不是文字不够美，而是不够真实。云淡风轻的样子，只能呈现在文字里，却与现实生活中的一地鸡毛大相径庭。谁都渴望岁月静好、心淡如菊，却总是一不留神就露出狰狞的脸孔。

为什么要写鸡汤呢？我反思了一下，大抵是因为，那时候的自己太渴望生活在阳光下，变成向日葵，每天都能仰头微笑，充满正能量，扛住生活里的种种刁难。在这种渴望的背后，其实也藏着一个错误的认知，那就是对消极情绪的厌恶、恐惧和抵触。

我在内心深处总觉得，活得太悲观，表现出"丧"，是一种羞耻和罪恶。我害怕别人看到我的消极情绪，总想在人前呈现出一副积极、乐观、上进的形象，以至于在一些问题上，有了不悦的情绪也不表现出来，感到紧张就自己忍着，难过了也强颜欢笑，伪装得很强悍，内心可能早已破碎不堪。

当我系统学了心理学，又开始进行个人体验后，这种状况才慢慢得以改善。我对情绪的认知，也变得客观理性了。情绪，是信息内外协调、适应环境的产物，本身没有好坏之分，只是我们为了区分情绪的类别，将其进行了带有评价性的命名，如"积极情绪"和"消极情绪"。实际上，任何一种情绪都有其明确而积极的意义，那些让我们感到不舒服的情绪，只是协调后决定远离刺激物的一种倾向。

当我们认清了情绪的本质，就不会再想着去消灭或压抑那些负面情绪。因为我们会明白调节情绪的前提是，认识和接纳每一种情绪，认识到人生中的每一件事都是在给我们提供学习如何让人生变得更好的机会——痛苦能让我们回到此时此地的现实之中；内疚能让我们重新审视自己的行为目的；悲哀会让我们重新评价目前的问题所在，并改变某些行为；焦虑能引起我们的注意，让我们多为未来做准备；恐惧则能调动起全身心的注意力，让我们保持高度清醒，应付险情。这些痛感，从某种意义上来说，也是一种动力。

在过往的经历中，我少有当众演讲的体验，因此在考试当天，我内心依旧是紧张的，以至于手指尖都是凉的。较过去不同的是，我开始接纳了自己的这种紧张，甚至敢把它告诉小组中的伙伴："我没有演讲过，特别紧张，手指尖都凉了。"

我们组里的一位美女姐姐是专业的培训师，授课演讲的经验很丰富，且台风极具感染力。她友好地握着我的手，给我带去了温暖和安慰，并对我说："没关系，这很正常。你现在可以在我面前，试着讲一遍。"

带着这份信任与鼓励，我开始在她面前试讲。神奇的是，这个过程并没有我想象的那么曲折，而我的表现也没有预想的那么糟糕，紧张的情绪也未把我变得结结巴巴。相反，讲到后面的时候，我竟感到了从未有过的放松。试讲结束后，培训师姐姐帮我重新设计了一下开场白，让整个演讲的开头变得更吸引人，且散发出幽默感。

就是这样一个过程，让我之前的紧张和忧虑降低了一大半。我开始能够和自己对话：紧张是正常的，初次登台即便讲不好，也是正常的。我参加这个集训的目的，就是为了挑战自己，锻炼自己的能力。从这个层面来说，我已经做到了，因为我突破了内心的恐惧，选择了尝试。

演讲考试的环节，我得了98分，这个成绩是我当初万万没有想到的。整个过程下来，我最大的收获，不仅仅是通过心理科学传播讲师的考核，而是我做到的"知行合一"，在给大家讲述情绪调节的话题时，我自己已经真正地实践了它，成为它的受益者。

未来的日子，我可能还会在踏入未知领域的那一刻，心生紧张与不安，但我已经学会了不加评判地接受它，并轻声细语地对它说一句："没关系，我接受你，我也知道此刻的自己，出现这样的情况是正常的……"归根结底，让我们的情感、情绪能更好地适应环境，这才是情绪调节的核心。

✧ 回溯本源：到底是什么让你愤怒

卡耐基·梅隆大学曾经做过一个试验，邀请92名志愿者从6233按照13递减来倒数，比如数到6220，而后是6207，再然后是6194，且要求速度不断加快，一旦数错就要重来。

为了增加试验的不愉快感，研究者们特意用相机记录他们的一举一动，观察志愿者在进行试验的过程中的面部表情，看看哪些人表现出尴尬，哪些人感到紧张害怕。实验过后，研究者们又提取志愿者们的唾液，记录他们的心率和血压。

结果显示：那些愤怒的志愿者，比起那些紧张害怕的志愿者，血压值和唾液的压力激素偏低。这就说明，愤怒虽然对身体健康无益，但没有恐惧带来的伤害大。在遭受外界刺激时，比起绝望和恐惧，愤怒可以是一种良好的替代品。

愤怒有时可以帮助我们保护自己的底线，比如遇见一件不公平的事，遇到不合理的安排，明明很在意，却假装潇洒说没事，时间久了就会模糊个人原则，被人恶意侵犯。倘若能合理表达出不满，就能帮助我们远离这样的问题，让人知道我们的底线是什么。

同时，愤怒可以帮助我们建立自尊。表达愤怒对每个人来说，都是一种合理的需求，在表达的过程中疏通负面情绪，可以减轻心理压力。特别是在自我价值和尊严受到侵犯时，恰当地传递出自己的愤怒，也能赢得他人的尊重。

但事物都有两面性，如果情绪很不稳定，易激惹，与别人稍有话不投机就怒不可遏；看到他人无意识的动作、轻微的失误，也被视为对自己极大的冒犯，继而大发雷霆，那就需要反思了。这个时候，想调控愤怒的情绪，本质的问题在于回溯这些愤怒的来源，重新构建自己对愤怒的认知。

第一，我们想要通过愤怒达到什么样的目的？

愤怒是一种外在情绪，但很多时候并不是问题的根源，我们必须看清楚愤怒背后的需求是什么？如果你想跟对方建立亲密的关系，对方却让你失望，你直接以愤怒和疏离的方式处理，那就永远失去了和对方亲近的机会。不如换一种方式，说出自己真实的感受："我很在意我们的感情，但有些事情影响到了我们，这让我很失望。我想和你谈谈，如何解决这个问题？"

实际上，这就是把愤怒的根源找了出来，用原生情绪（想和对方亲密）代替了次生情绪（因需求得不到满足而愤怒），用这样的方式去处理问题，才能更好地促进感情，并让对方感受到你的心情。

第二,我们有没有把愤怒的情绪迁怒于无辜的人?

有时候,我们对一个人发火,是因为知道对这个人发火比较安全,但事后又会后悔,觉得自己不该如此。同时,无缘无故地把自己的不良情绪抛给无辜的人,接到包袱的人,势必会想办法将其甩掉,再传给别人,如此一来,我们的不良情绪就变了一个污染源。

迁怒于他人,不仅仅是情绪失控,更是没修养的象征。有愤怒的情绪没问题,但得选择无害于他人和自己的方式来宣泄,如哭泣一场、看爆笑电影、运动出汗等。

第三,有没有其他方式可以弥补一下受伤的自尊?

有些人在自尊心受到伤害的时候,就习惯于用愤怒来掩饰,这是一种自我防御机制。不过,这种方式不能真正地解决问题,为了面子而怄气,只会让自己陷入失落中,而在失落后又会感到愤怒。真正自信的人,是不会因为他人的一些正常言行就认为伤了自己的自尊,很多时候愤怒都是源于不自信和缺乏安全感。

第四,有没有尝试去找寻获得爱与快乐的方法?

很多愤怒都是因为基本需要和欲望无法得到满足,继而感到深深的受伤或无助,渴望有更多的爱和快乐。其实,愤怒并不排斥爱、感恩等积极的情感,你可以深爱着一个人,也会为他的某些行为感到愤怒,但依旧爱着他。遇到这样的情况,就需要努力去找到获得爱和快乐的方法,这样才能化解愤怒。

第五，是否学会真诚负责地表达自己的情绪和需要？

暴力只会带来更多的愤怒、伤害和报复，无论是口头的还是躯体的攻击，都不会浇熄怒火。我们要告诉别人，到底是什么东西让我们感受到愤怒和伤害，告诉对方我们真正希望他们做的是什么，以不攻击的方式表达不满，与其怒气冲冲地指责对方说"你错了，你简直离谱"，倒不如说"我觉得受伤，你的所作所为没有考虑到我的需要"。

总之，对每个人来说，愤怒都可以成为一次学习的机会，我们可以通过了解自己愤怒的来源，把愤怒的能量转化为建设的动力。

✧ 踏出舒适区时，恐惧总会如影随形

恐惧是人生命情感中最难解的症结之一。面对自然界和人类社会，生命的进程从来都不是一帆风顺、平安无事的，总会遭到各种各样、意想不到的挫折、失败和痛苦。当一个人预料到将会有某种不良后果产生或受到威胁时，就会产生这种不愉快的情绪，并为此感到紧张不安、忧虑、烦恼、担心。

也有一些人，会对原本不害怕的事情产生紧张恐惧的情绪体验。他们知道这种恐惧完全不必要，甚至能意识到这是不正常的表现，却无法控制自己。比如，有的人因偶然的一次化学实验中试管发生爆炸，就再不敢走进实验室；有的人因运动时受过伤，就再不敢从事那项运动；还有的人对人际交往感到焦虑不安。

Lucy想跟上司提加薪的事。在那个重要的日子来临之前，她一遍遍地在心里默默重复早已准备好的理由，她理应得到更好的待遇，且那些理由都很有说服力。可是，到了开会那天，在和老板面对面的时候，她怯场了。她的语速变得很快，想好的各种理由忘了

一大半。面谈结束后,她带着一颗被击得粉碎的自信心离开了,而加薪的请求自然也没得到批准。

这样的经历,你是否也有过?置身事外,看到他人的故事,你是否领悟到了什么?

因为恐惧带来的焦虑感,我们都曾对自己的胆小、懦弱感到懊恼,认为这是一种消极的情绪。我们无比渴望成为一个勇者,总想着如何消除恐惧,但对恐惧的厌恶之情却让我们沦为了恐惧的奴隶,受其控制。

其实,从我们呱呱落地的那一刻起,恐惧就伴随着我们,直至我们闭上双眼离开人世。对于恐惧的情绪,我们总是抱持一种抗拒和厌恶的态度,认为想要活出自我、获得成功就一定不能有恐惧,特别是看到周围一些敢于冒险、做出成就的朋友,心里暗暗羡慕的同时,不免为自己的懦弱感到失落,很希望自己有一天也能变得"无所畏惧"。

然而,勇敢,真的就是内心无所畏惧吗?事实上,这是一个误解。每个人都会在生命的某一个时刻体验到恐惧,没有谁能避免,就算有人声称自己毫不畏惧,或是宣称要粉碎、破坏恐惧,最终也会以失败收场,因为任何人都摆脱不了恐惧。

史蒂夫·凡·兹维也顿是安全监控专家,成功化解了无数的威胁和冲突。他的话就是最好的总结:"在我22年的安全维护工作中，我从来不和那些标榜自己从不畏惧的人合作。一个人在某些情况下毫不畏惧——这有可能，但是一个人要说自己面对所有情况都毫不畏惧——这是绝对不可能的。"

前世界重量级拳击冠军乔·伯格纳曾两次与拳王阿里较量。在这两次比赛中，他都坚持到了最后。阿里曾为伯格纳指点迷津，伯格纳一直都记着这位伟大拳王的话：

"任何走上拳击场的人，如果丝毫不感到恐惧，那他一定是个傻子。道理很简单：他们对这项运动根本毫不了解。因为没有恐惧，就没有对抗力，也就没有准确的判断力、敏捷的反应和凌厉的战术来避险制胜。"

前澳大利亚板球队队长马克·泰勒也认同这种观点。他说："当你跑出去击球的时候，或多或少会感到恐惧。作为一名击球手，我总是对未知的情况充满恐惧。我觉得，优秀的球员和伟大的球员之间最大的区别就在于他们处理恐惧的方式。当我感到恐惧时，我会想，场上所有球员可能都跟我一样紧张，这样一来，我就不再恐惧了。"

心理学家发现，人类的很多情绪状态，不是全凭意志力就可以抑制的，恐惧就是其一。这或多或少使我们感到慰藉，感到恐惧不是因为缺乏自律，也并非软弱的表现。任何对付恐惧的尝试都有可能失败，最后，这些失败的经历会使我们的感觉更加糟糕。

这就好比，当我们被一条海鳗咬住时，一定不要拼命把手拉开。因为，海鳗一旦咬住了我们，就不会轻易松口，我们的反抗反而会让它咬断我们的手，除非我们顺从它，直到它自己愿意松口。正确的做法是，主动跟着它走，即便它会把我们拖到洞前，即便这令我们胆战心惊。

对待恐惧也如是，无论是谁，在踏出舒适圈的那一刻，都有可能会与恐惧相遇。所以，我们大可不必为恐惧而感到羞耻，也不要把事情复杂化，无端地放大恐惧。面对恐惧时，我们的情绪越激动，就越容易受制于它；当我们忘记了所有的假想，反倒容易变得果断而勇敢。

◇ 与抑郁情绪不期而遇，请保护好自己

流浪在撒哈拉沙漠的女作家三毛，年少时就是一个不太合群的孩子。孤独与阴郁，是她童年的所有记忆。从她接触的环境和作品里，我们总能隐约嗅出抑郁的味道。她在《梦里花落知多少》里写道："如果选择了自己结束生命的这条路，你们也要想明白，因为在我，那将是一个幸福的归宿。"

不过十岁的少女，竟想着自己可能活不到穿长筒袜的20岁就会死去。后来，她考上了中国台湾最好的女中，但她古怪的性情依旧没有改变，且愈发内向，身体也变得越来越弱。由于很难适应学校生活，13岁时，三毛在焦虑和抑郁中自杀过一次。后来还有一次，她无法承受男友病故的打击，当即吞下一把安眠药，所幸被及时抢救过来。

悲剧并没有就此终止，当与三毛共度六年幸福生活的丈夫荷西在潜水中意外丧生后，三毛的世界彻底崩塌了。1991年1月4日，在台北荣民医院，三毛用丝袜结束了自己48岁的生命。

也许，正如三毛自己所说，自杀对她而言是一个幸福的归宿。因为，再怎么鲜活的生命，一旦被抑郁症这个精神病魔缠上，都会感觉生不如死，那种折磨令人无法自拔。从香港演员张国荣跳楼自杀，到韩国艺人李恩珠自缢身亡，这期间穿插着太多自杀身亡和自杀未遂的故事。调查显示，中国每年都有近30万人自杀身亡，而自杀未遂的人应当是这个数字的10倍以上。在导致自杀的原因中，抑郁是不可小觑的情绪因素。

关于抑郁，英国诗人拜伦曾经这样描写它："忧郁坐在我身上，像伴随着天空的一块云，它不让一道阳光穿过，也不让一滴雨落下，最后，而是扩散它自己。它像人与人之间的妒忌———一种永恒的薄雾——扭曲天和地。"

抑郁不是一个新鲜的词语，抑郁情绪甚至已经成为现代人的情绪通病。每个人在一生中的某个时刻，都与抑郁情绪狭路相逢过。当它来袭的时候，那感觉就像一位知名作家所描述的那样："抑郁像雾，难以形容。它是情感的陷落，是一种低潮感觉状态。它的症状虽多，但灰色是统一的韵调。抑郁的人冷漠，丧失兴趣，缺乏胃口，退缩、嗜睡，无法集中注意力，对自己不满，缺乏自信……不敢爱，不敢说，不敢愤怒，不敢决策……每一片落叶都敲碎心房，每一声鸟鸣都溅起泪滴，每一束眼光都蕴满孤独，每一个脚步都狐疑不定……"

抑郁情绪有可能毫无阻拦地闯入每个人的生活中，感情不顺心、事业遭挫折，抑或是遭受自然灾害和交通事故，都有可能让人的精神因此遭受重大打击。倘若这种抑郁的情绪得不到控制的话，就会演变成抑郁症。

我们都知道，失意是不可避免的，我们能做的就是运用合理的宣泄的方式，减少抑郁对身心和生活的影响。那么，该如何去缓解偶尔冒出来的抑郁情绪呢？

·学会自我安慰，多点"阿Q精神"

遇到挫折时，不要总想着自己的委屈和不幸。试着蒙上眼睛体会一下看不见的生活，或是堵住耳朵感受一下听不到的世界；闭上嘴巴体会一下说不出的痛苦……多少身体上有缺陷的人都能顽强地与命运抗争，认真地活着，作为身心健全的正常人，我们又有什么资格去抱怨呢？

俄国作家契诃夫在《生活是美好的》一文中对企图自杀的人说："为了不断感到幸福，那就需要：善于满足现状；很高兴地感到：事情原本可能更糟呢！要是你的手指头扎了一根刺，那你应高兴：挺好，多亏这根刺不是扎在眼睛里。"有时，生活就是需要这样的精神胜利法，给自己的内心求得平衡。

·调整个人期望，少点不切实际

生活不能事事顺心，人际关系上也不可能跟谁都亲密无间，当某些事情的结果不如我们预想的那么好时，我们不如扪心自问一下：是不是已经尽力了？是不是当初定的目标太高了？若情况总是这样的话，那就适当调整下个人期望，用平常心接受平常事，不好高骛远，也就会少点失落。

· 合理地表达情绪，不要封闭自怜

运动是缓解压力和烦闷的良方，能够将积聚在体内的负面情绪释放出来；向理解自己的人倾诉，也是平复情绪的好办法。但为了平复情绪，最不可取的做法就是把自己封闭起来，自怨自艾，这只会加剧抑郁的程度，无异于画地自牢。

人活一世，草生一秋，在短暂的生命中，我们不可能一直顺风顺水，痛苦烦恼在所难免。一个人陷入抑郁情绪的时间越久，罹患抑郁症的概率就越大。我们没有办法彻底阻断抑郁情绪的造访，唯一可以做的就是，学会在抑郁情绪中保护自己，用适当而合理的方式缓解它，尽可能用最短的时间走出抑郁状态。

Part / 05

逃不开的琐碎,即是修行的道场

杂务琐事并非烦恼一堆,
别以为一旦逃开,就可以开始修行,步入道途。
其实,这些琐事就是我们的道。

——加里·斯奈德

✧ 抱怨的背后，其实是对自己的不满

"今天的午餐真是太难吃了，根本不值二十块钱！"

"凭什么她的工资比我多，职位比我高？"

"为什么别人能幸福，我却遇不到真爱……"

这些话听起来是不是很耳熟？是的，抱怨的话几乎人人都说过，抱怨的人处处都有，被抱怨的事更是五花八门、杂乱不清。听着这样的言辞，让人觉得生活简直是一团糟，没有顺心的地方。更要命的是，抱怨者本身对于抱怨这件事秉持着孜孜不倦的态度，可以就某个话题无休止地抱怨下去！

那么，问题来了，抱怨真的只是控制不住情绪吗？

抱怨的背后，到底是一种什么样的心理在作祟呢？

在这里，我想谈谈爱尔兰现代主义剧作家塞缪尔·贝克特的名作《等待戈多》，这是一部很有代表性意义的悲剧，也能带给人不少的启示。

故事发生在乡间的一条小路上，两个流浪汉在此等待戈多。至

Part / 05
逃不开的琐碎，即是修行的道场

于戈多是谁，为什么要等他，他们自己也说不清楚。在等待中，他们没事找事，没话找话，吵架、上吊、啃胡萝卜……猛然传来一阵响声，两人一阵惊喜，以为是戈多来了，却发现是空欢喜一场。夜幕降临，其中一个流浪汉提议离开，另一人也同意了，可两人仍然坐着不动。

到了第二天，同样的时间，同样的地点，两个流浪汉再次相遇，开始重演昨天发生的事。他们重复前一天的言语和动作，没完没了地说话以打发时间。到最后，其中一个流浪汉又提议走，另一个人也答应走了，可他们依旧像昨天一样，坐在原地不动。

这幕荒诞剧借助两个流浪汉等待戈多，而戈多不来的情节，暗喻人生是一场无尽无望的等待。可把这个情节延展一下，放在抱怨者身上，却发现有着惊人的相似之处，那就是所有的抱怨和批评，都没有实质性的见解，也没有采取要改变现状的行为，只是站在原地不停地重复着同样没用的话。

从这里我们不难看出，抱怨的背后隐藏着很多不为人知的内幕。也许，最开始只是一种倾诉，为了减压、排解苦闷，看似是对现实生活的不满，实则是对自己不满，抱怨的背后是在说："为什么我总是这样？为什么我不能更好一些？"

带着这样的心理，势必会生出一些焦虑，要通过抱怨的途径来获得他人的安慰。在抱怨者看来，整个世界都是灰色的，仿佛自己就是最不幸的那个人。事实上,听者很清楚,这不过是夸张的描述,与现实不符,正因为此,听得多了就会感到厌烦。

抱怨的人不停地责备外界环境或是他人,其实是在申诉自己内心的某种需要,但又不会通过其他方式来表达,就把大量的时间和精力都用在了抱怨和引人注意上。对于抱怨者,倾听的人最初会采取给予建议的方式来对待,就像《等待戈多》里那个提出离开的流浪汉一样,可时间久了却发现,抱怨者只是用耳朵听,根本不会服从,也不付诸行动,只是重复抱怨。

看到这里,你可能也明白了,抱怨的本质不在于某一件事,而在于抱怨者内心的软弱和行动力的匮乏。就算他们抱怨的A事得到了解决,接下来他们还会为了B事和C事继续抱怨,就像《等待戈多》里不断重复的场景一样。

作家六六在一篇文章中写过这样的话:"研读马云的人生,在前37年里,他的人生就充斥着两个字:失败。37岁后,他突然飞黄腾达了,秘诀就是四个字:永不抱怨。"

若说抱怨,马云应该比任何人都有资格去抱怨,毕竟他失败了那么多次,可他没有那么做。相比之下,芸芸众生中的大多数,又是怎么做的呢?

2013年一项涉及5000人的调查显示,65.7%的人每天抱怨的次数在1~5次,13.8%的人每天抱怨6~10次;近八成人抱怨仅为发泄内心苦闷，九成人对自己的抱怨行为深恶痛绝。体制内的公务员抱怨禁令之下福利少了，工资太低；体制外的白领抱怨没保障；年轻人以蚁族自嘲，抱怨"土豪"们占据太多社会资源；中年人抱怨上有老、下有小，生活压力大；老年人抱怨看病贵、看病难……

没有谁的生活是容易的，你所看到的"幸福的人"，背后也背负着你不曾看到的辛酸。生活的本质就是不断地去解决问题，一个接着一个，对任何人而言绝无例外。记得剑桥有一本书里是这样写的："我以为有钱人会过得比我们充实，我以为物质上都得到满足就会没有烦恼，我以为一切外在都拥有就不再忧愁，其实呢?原来并不是，他有一切让人羡慕的东西，可是他却从未有过开心快乐；他有钱有车有地位，却没有一个可以说话的朋友……"

抱怨这种事情就像一个无限循环的小数，即使将小数点后的数字重复一万遍，也永远无法达到1的目标。可软弱无能的人，却只想着重复这样的无用功，白白地浪费时间。真正的勇者，会鼓起勇气正视现实，用积极的态度和行为去扭转自己的命运。

◇ 接受最坏的结果，就不会再害怕失去了

多年前，美国一位名叫欧嘉的女士患了癌症，医生宣称她会经历一段漫长而痛苦的过程，最终离开人世。为了确定诊断无误，欧嘉还特意找到国内最有名的医生询问，结果得到的答案是一样的。

死亡即将降临，欧嘉的内心绝望极了，她还那么年轻，她不想死。在绝望之余，她打电话给自己的主治医生，宣泄出所有的痛苦和恐惧。医生不耐烦地打断了她的话："怎么了，欧嘉？难道你一点儿斗志都没有了吗？你要是一直这样哭下去，必死无疑。你确实遇上了最坏的情况，但我希望你面对现实，不要忧虑，然后尽可能地想想办法。"

挂断电话后，欧嘉的情绪稳定了很多。她狠狠地攥紧拳头，将指甲深深地掐进了肉里。背上一阵阵地发冷，她却在内心里发誓："我不会再忧虑，不会再哭泣！如果还有什么想要的，那就是我一定要赢！我一定要活下去！"

通常情况下，癌症病人在不能用镭照射的情况下，就要每天照

10.5分钟的X光。可是，欧嘉却连续49天每天照14.5分钟的X光！她瘦得如同皮包骨，两条腿重如铅块，但她一点儿都不忧虑，也没有哭过。她总是带着微笑去面对这一些，尽管有时这些微笑是勉强挤出来的。

欧嘉这么做，当然不是相信微笑就能治好癌症，但她相信，乐观的精神状态绝对有助于身体抵抗疾病。结果，她真的上演了一场癌症治愈的奇迹，她的身体状况越来越平稳。想到这些，她总说："多亏了我的医生告诉我，不要忧虑、想想办法，才让我一步步走到现在。"

世上最摧残人的活力、消磨人的意志、降低人的能力的东西，莫过于忧虑了。一个遇事总是忧虑的人是很难克服恐惧的，更无法战胜身体上的疾病和生活中的困境。道理很简单，人在心情不稳定的情况下，做什么事情效率都不会太高，因为脑细胞受到了外界不良因素的干扰，根本无法像没有任何精神压力时那样集中思考，扰乱了事情原本应有的解决步骤和方式。

道理易懂，可多数女性在遇到问题的时候，仍然会不知不觉心生忧虑和恐惧。当这些负面情绪出现时，我们该怎么做才能让自己尽可能地保持平静呢？

已故的美国小说家塔金顿曾说，他可以忍受一切变故，除了失明，他绝不能忍受失明。结果，怕什么，偏偏来什么。令塔金顿最为恐惧的事，终究还是发生了。

在他六十岁那年的某天，他看着地毯时，突然发现地毯的颜色渐渐模糊，他看不出图案了。经过检查，医生告诉他一个残酷的真相：他有一只眼差不多已经失明，另一只眼也接近失明。

面对这最大的灾难，很多人猜想，他肯定会觉得人生完了，纵然不会一蹶不振，但肯定沮丧至极。出人意料的是，他还挺乐观，甚至可以用愉快来形容。当那些浮游的大斑点阻挡了他的视野时，他幽默地说："嗨，又是这个大家伙，不知道它今早要到哪儿去！"等到眼睛完全失明后，塔金顿说："我现在已经接受了这个事实，也可以面对任何状况。"

为了恢复视力，塔金顿一年里要接受十二次以上的手术，而且是采用局部麻醉。有人怀疑，他会不会抗拒？没有。他知道这是必须的，是无法逃避的，而他唯一能做的就是优雅地接受。他放弃了高档的私人病房，而是跟大家一起住在大病房里，想办法让大家开心点。每次要做手术的时候，他都提醒自己："我已经很幸运了，现在的科学多么发达，连眼睛这么精细的器官都可以做手术了！"

想象一下这件事，要接受十二次以上的手术，还要忍受失明的痛苦，不知多少人在听闻此事后会崩溃。不过，塔金顿学会了接受，还坦言自己不愿意用快乐的经验来替换这次体会，他也相信人生没有什么事能够超过自己的容忍力。

应用心理学之父威廉·詹姆斯说过:"能接受既成事实,是克服随之而来的任何不幸的第一步。"林语堂在他那本《生活的艺术》里也说过类似的话:"心理上的平静能顶住最坏的境遇,能让你焕发新的活力。"

当生活中出现问题的时候,不要惊慌失措,我们应仔细回顾并分析事情发生的完整经过,确定如果失败的话,最坏的结果是什么?面对可能发生的最坏情况,我们要筑牢自己的心理防线,让自己能够接受这个最坏的情况。有了能够接受最坏情况的思想准备后,我们就要回归平静的心态,把时间和精力用来改善那种最坏的情况。当我们能接受最坏的结果时,就不会再害怕失去什么了。

◇ 人生不存在输赢，只有视角的转换

不知从什么时候开始，一个"赢"字，成了她生命的支点。

公司里的人总调侃说，她是个"狠角色"，倒也不是为人心地不好，而是她对自己太过苛刻。别人能做到的，她必会做到；别人做不到的，她依然要做到。至于承受多大的压力、付出多大的精力，她全然不在乎。

为了丈夫可以高人一等，走出家门时赢得众人艳羡的目光，她私下里为丈夫做了诸多"打算"。可惜，丈夫偏偏是个好清静的人，对应酬和经商没有丝毫兴趣，对她的苛求早已厌倦至极。生活在同一屋檐下，两人几乎没有任何的交流，可即便如此，她依然认定是一切都是丈夫的错，为自己叫屈。

孩子是她最在意的人，也是她的骄傲。她希望儿子能够像自己一样，优秀，能干，名利双收，超越身边的所有人。可孩子终究是个独立的人，有着自己的思想，儿时还肯听从她的安排，到了叛逆期后，对她的态度渐渐变冷，母子之间形同陌路。偶尔气不过，她

会冲着儿子发火，说自己的苦心白费了。

那日，朋友约她喝茶。席间，为了缓和她的情绪，朋友提议下盘五子棋。她是新手，对下棋不在行，一连几盘都落败。

她笑着说："我不会下。"

朋友却说："不是不会，是总想赢。"

她愣住了，没想到朋友突然冒出这么一句话来。朋友解释道："你总想着赢，就会一直盯着自己的棋子，想让它尽快地连成五子。这时，我也在想办法连成五子，你一疏忽，而我先你一步，你自然就输了。"

"噢，"她点点头，恍然大悟，说道，"我明白了。"

接下来，朋友走一步，她就围一步；朋友走两步，她就围两步。直到整个棋盘都满了，谁也没赢，平局了。她很得意，说："这次终于没有输。"

朋友摇摇头，说道："生活有很多种方式，就跟下棋一样，赢也不过是其中之一。平局双赢，不也很好？甚至有时，输掉棋局也是赢。生活从来不是非黑即白、非赢即输的事，我们也用不着费尽心力地只想赢。赢了是生活，输了一样是生活，看淡一点儿，日子才好过。"

不知道这番话，是否可以点醒世间那些还在计较输赢的女人。人生恰如一盘棋，只要朝着一个目标，踏踏实实地走好每一步，就可以成就无憾的人生，无须去计较输赢。生命的一切都在于经历，只要经历过了，那就是生命的沉淀，我们要享受和反思这个过程，而不是只考虑最后的结局。更何况，许多事本就难论输赢。有时，看似是你赢了，其实你却输了；看似是你输了，实则你却赢了。

很早以前，我在报刊上读到过一篇故事，此时重温再合适不过：

禅师上山砍柴归来，在下山的路上，看到一位少年捕到一只蝴蝶捂在手里。

少年看到禅师，坏笑着说："大师，我们来打赌怎样？你猜我手里的这只蝴蝶是活的还是死的？若是输了，你那担柴就归我了。"

禅师同意，猜道："你手上的蝴蝶是死的。"

少年笑道："你错了，大师！"他把手张开，蝴蝶从他手中飞走了。

禅师说："这担柴归你了。"说完，禅师放下柴，笑着走了。

少年不解，为何禅师输了还如此高兴？可望着眼前这担柴，他也顾不得想太多，高兴归去。

回家后，父亲问及这担柴的由来，少年如实地讲了经过。父亲听后，叹了口气，说道："糊涂啊！你以为，你真的赢了吗？恐怕，你连自己是怎么输的都不知道！"少年一头雾水。

父亲命令少年担起柴，两人一同将柴送回寺院。少年的父亲向禅师道歉："师傅，我的孩子得罪了您，请原谅。"禅师点头，微笑不语。

回家的路上，少年忍不住问及缘由。父亲说："大师唯有说蝴蝶死了，你才会放了蝴蝶，赢得一担柴。若他说蝴蝶活着，你会捂死蝴蝶，也能赢得一担柴。你以为大师不知道你心中所想吗？表面上看，大师输了一担柴，可人家赢得是你的慈悲。"

输赢之间，不是冰炭相敌、水火不容。置身于万人之上，有了荣誉和地位，享受着别人的仰视时，你以为自己赢了，却忘了高处不胜寒的孤独，身边再没有纯洁的友情，没有自由支配的时间与空间。相反，过着平平淡淡的日子，拿着不起眼的薪水，你以为自己输了，却享受了轻松惬意的生活，多了与伴侣和孩子相处的时光，这不也是一种赢吗？

作家陈文茜说："生命没有输赢，只有值不值。任何事、任何经历，包括爱情、工作，不是得到，就是学到。"输赢，本无明显的界限，输又如何，赢又如何？不过是看问题的角度与心态罢了。

对待输赢这件事，本就不用太在意。人生一世，匆匆数十年，如白驹过隙，如果把生命消耗在输赢的争斗中，一生都将不堪重负。而只要放下计较，放下输赢心，才不会被输赢所困。

✧ 微不足道的小事，不要总往心里塞

安妮是一个职业校对员，曾经校对过众多著名刊物，比如北美航空公司的《飞行员手册》，联邦基金会的《行业教育研究报告》等。出于职业习惯，她在生活中也经常会不自觉地检查单词拼写和标点符号的准确性。即便是听别人讲话，她也在考虑对方的发音是不是准确、停顿是否得当。

某日，安妮到教堂做礼拜，牧师当众朗读一段赞美诗。突然，安妮听到牧师读错了一个单词，她顿时觉得浑身不舒服，心里有个声音一直在念叨："错了，牧师读错了。"这时，一只小飞虫从安妮眼前慢慢飞过，她心里又响起一个更清晰的声音："不要盯着小飞虫，而忽视了大骆驼。"

想到这儿，她刚刚那股子不舒服劲儿竟然减退了不少。对呀，为什么要因为一个小错误而忽视整段赞美诗呢？小飞虫在安妮眼前稍作停留，而后径直飞走了。

生活中，很多人都会和安妮一样，人为地给自己的心境造成压

力，对别人说的每句话都要细细琢磨，对自己的得失耿耿于怀，对别人的错误更是焦心不安。上司有口无心的一句批评、邻居指桑骂槐的一句难听话、爱人赌气的冷言冷语、孩子的一句无心之语，都在影响着我们的情绪。可真的冷静下来再回想，多大点儿事呀？是自己太小心眼了。

法国作家莫鲁瓦曾经说："我们常常为一些应当迅速忘掉的微不足道的小事所干扰而失去理智，我们活在这个世界上只有几十个年头，然而我们却经常为一些无聊的琐事而白白浪费了许多宝贵时光。"

多数时候，烦恼并不是多么大的事情引起的，而是因为我们太在意、太计较身边的琐事，用狭隘和幼稚的认知方式，把自己的心紧紧地圈住，在痛苦的圈圈里打转。内心的紧张和过分在意，让我们活得焦虑，也让周围的人感到压抑。

著名南极探险家哈伯德发现一种现象：面对南极探险中危险而艰难的工作，他的伙伴们没有丝毫怨言，但其中不少人却整天为了一些鸡毛蒜皮的事计较不停。有几个人就住在同一寝室，彼此却不说话，他们总怀疑对方把东西乱放，或是占用了自己的地方。

还有一位同伴，吃饭的时候非常讲究，细嚼慢咽；而与他同一寝室的另一个人，非要在大厅找到一个别人看不见的位置上坐下来，才能吃得下饭。哈伯德说："诸如此类的小事，完全能把最富有训练经验的人逼疯。为了那些毫无价值的事,弄得自己手忙脚乱,心烦意乱,真是找不到生命的价值之所在。"

百岁老人陈椿说过一句精妙的话:"一件事,想通了是天堂,想不通就是地狱。既然活着,就要活好。"生活中的很多事并没有绝对的正确错误之分,一件事能否引来麻烦和烦恼,不在于它本身,而在于我们如何去看待它、处理它。如果我们一时想不通,不妨换个角度去思考,可能就豁然开朗了,越是紧抓着它不放,瞎琢磨,越让我们心里堵得慌。有时,人生真的需要学会大气,学会不在意。

所谓不在意,就是别钻牛角尖拿什么都当回事,那些微不足道鸡毛蒜皮的小事,别揣在心里不肯放下,或者着急上火。对于别人说的话,不要太敏感多疑,因为越是在意就越会瞎想,把事实夸大,制造假想敌,让我们心里不舒服。即使真的在面对一些负面信息的时候,我们也要努力告诉自己,没什么大不了,一点小事而已,要学会"不屑一顾"。

如果实在想不通,那也不妨暂时把它搁置,找个朋友一起聊聊天,出去逛一逛,做点自己喜欢的事,等我们再回头过来看当时令我们烦恼的事时,说不定都会笑自己小心眼了。学会不在意了,学会了放得下,心就不再焦虑了。这不仅仅是给我们设一道心理保护防线,也是让我们保持轻松心态的巧妙方法,更是一种人格上的修养和生活智慧。

◇ 于不确定之中，保持自己的节奏

去年年底，我因工作的问题，不小心把自己逼到了崩溃的境地。

那种体验已经很久没有过了，我不得已把后面的工作计划暂时取消，无心也无力处理。事情的原委不复杂，就是从7月开始跟进的一个项目，熬到了11月还没有彻底完成。合作的甲方总是隔三差五地提出修订意见，每一次我都要跟随他的节奏走，前前后后大概花了两个月的时间，修订了七八次，而他似乎还没有停止的意思。

我从来不反感为客户修改内容，因为这是工作职责所在。但就那一次的情况，也是前所未有的。出版社也不过是三审三校，如果针对一份内容反复地挑剔，那么无论何时，都存在改进的余地，这是众所周知的。在创作这件事上，没有所谓的最好，只有更好。

由于不是一次性的集中反馈，每次当我刚刚着手处理其他工作的时候，甲方的助理就会发来修订意见。这个时候，我都是选择停下来，优先处理反馈。次数多了，被干扰得多了，我的情绪逐渐开始失控。终于有一天早上，我忍不住对甲方助理说："说实话，我不想再改了。"

其间，因为每周末都有心理学的课程，心有余而力不足的我，跟搭档N姐说："最近心情特别不好，不想去上课了。"

她说："既然是这样，就更要来了。"

赶在上课之前，这个项目总算是跌跌跄跄地处理完了，可糟糕的情绪还弥留着。

N姐让我宣泄一下情绪，我不记得自己是怎么描述这件事的，但N姐给我的反馈，却是这样的情景：

"从始至终，你没有说工作给你带来的具体麻烦，更多的时候是在指责对方。你可能没有意识到，你说了好几个'凭什么'？

"想一想，你是真的讨厌修订内容，还是讨厌这种被随意打扰的感觉？你回想一下，真正的感受到底是什么？"

我当时的回答是："感觉生活已经不是自己的了，好像案板上的鱼肉，任人宰割。"

N姐说："这也是我希望你来上课的原因，周末上课是你现在唯一剩下的一个固定节奏，如果再放弃的话，你想想会是什么样？"

我没有应声，但也在思考，N姐提醒我："不管什么时候，你得有自己的节奏。"

N姐的身材保持得特别好，细腰翘臀马甲线，一样都不差。她跟我分享自己的心得说：

"很多人都觉得,马甲线就是苦练出来的,恨不得成天泡在健身房。但其实,没那么夸张,只要每天训练1小时就够了。"

后来我才知道,N姐就算去外地玩,也要去找拳馆和健身房。

哪怕下午有要紧的事,她也会在上午先完成1小时的训练,因为那是她的节奏。

她不允许任何人、任何事打破它。

我很庆幸,身边能有这样的朋友,帮自己去梳理混乱的内心与情绪。

想来,那段时间,我因为太在意对方的感受,结果丧失了自己的节奏,也丧失了对生活的掌控权。前段时间,在《过犹不及:如何建立你的心理界限》中,我读到了这样一段话:

"有时,压力是别人加在你身上的;有时,却是出于你自己,是你觉得你'应该'去做。不能对外来的压力与你内心的压力说不,就失去对你所有物的掌控权了,也没有享受到'自我控制'的果实。"

生活总是充满了不确定,唯有在不确定中保持住自己的节奏,才不至于把日子弄得一团糟,把自己逼到退无可退的墙角。现在重新回顾那个项目,我发现自己其实完全可以换一种方式来处理:

· 你可以随时发来修订的意见,但我不必即刻就进行处理。

· 我可以按照自己的节奏,集中精力把要做的事情做完。

・修订的事宜安排在某一固定时间，哪怕一周收到三次修订意见，也都放在固定时间处理。

・如果非要打乱我的节奏，为其腾出时间，我大可拒绝，并说明缘由。

经历了那件事以后，我就把生活和工作调整到了一个恰当的速度。之后，我一直按部就班地完成每日的任务，也没有让自己丢了生活，还有时间去读书，去思考，去运动，去健康饮食。

你说，一个人最好的生活状态是什么样？

此刻的我觉得，就是在任何状况下，都能掌控自己的节奏。

这，也是自己给自己的周全。

✧ 生活永远无法预知,试着把握现在

廖一梅编剧、孟京辉执导的话剧《柔软》,讲述的是一个青年男子和整形女医生深入探讨如何让自己变成女性,其中涉及的话题尖锐得可以刺痛每个人的神经。

青年男子总觉得是因为上帝的失误,才让自己如此痛苦。所以,他不惜一切代价要纠正"上帝"的错误。他向女医生说出自己想要变性的想法,他内心认定,只要做了变性手术,就能够让自己重生。他认定"变成女人"之后,他所有的自我怀疑、痛苦、悲观、悲观和绝望,都可以通过身体上的改变而消失。

到底,做女人有没有那么好?是不是在身体上做些改变,就可以解决一切问题?

女医生作为一名真实的女性,直言不讳地告诉男青年:"你想听到作为女人的美妙之处,让你手术时对着一片天堂的幻觉进入昏迷,好忍受落在你身上的刀砍斧劈,这种心情我理解,可是,我没有什么好消息告诉你!"

之所以这样说，是因为女医生自己过得并不好，她也在饱受精神绝望的困扰。对此，作者在文中大致写道："她的理性和自我意识让她的处境越来越陷入一种隔离和对抗的状态之中，她并不祈望别人的承认与肯定，但自己又找不到生活的意义。她表面上看起来挺轻松，活得很潇洒，对于两性的教条不屑一顾，可实际上她又认为'爱'已经由于被滥用而失去了本身的意义，无法让人与人之间进行无阻隔的沟通。"

身处这种焦虑和痛苦之下，她的内心惶恐不已。

当一个人不能确定自己与外界的关系是否可以让自己获得幸福和安全感的时候，每天都会生活在惶恐不安中。有时，我们相信某个人，相信他能够为我们带来幸福，就像剧中的男青年把自己的重生寄托在女医生身上一样，或者就像渴望通过嫁人实现幸福的女人一样。

事实上呢？那个女医生可以为男青年成功地实施变性手术，但她能保证让他获得幸福吗？嫁给有钱人，获得了物质上的丰厚，但情感上的不幸福和不安全感，真的可以弥补吗？

透过这部剧，我们也该看到，安全感的缺失并不是某一个人的特例。在不确定和未知的事物面前，每个人都会感到恐惧。心理学家斯洛特·尼利维尔曾经说过："我们每个人的内心都是一部电视机，随时都在播放着属于自己的画面。每个人都有自己的影音频道，它们有的如同乡间小曲一样宁静安详，有的则像摇滚乐一样令人惶恐不安，而如何调控这些频道，则要看我们怎样感受自己周围的一切。"

对绝大多数人来说，内心的频道并不是令人愉悦的，相反，我们的内心中总是放着一些令人不安的音乐。有的人只会在遇到不好的事情时才会感到焦虑，而有些人时时刻刻都无法掌控自己的频道，头脑中总是出现让自己不安的画面，就像不停闪动的警报灯，搅乱着自己的内心。

为什么会出现这种普遍的焦虑呢？

归根结底，就是我们的头脑中臆想了各种悲剧的场景：在公共场合出糗；考学不理想；找不到工作；职位不稳；股市下跌；老无所依，以及其他各种我们能想到的负面场景。这种不安全感似乎永不停息，我们的头脑无法停止思考，也就导致焦虑越来越重。无论此刻事情进展得多么顺利，无论生活赐予了多少幸福，我们也只是忙着烦恼过去，担心未来，却看不到当下。

我们从某种程度上相信，所有这些担忧都是有道理的，也希望用这样的方式来避开灾难。不幸的是，焦虑和不安从不会让生活变得更好、更有价值，它只会扰乱我们的睡眠，引发家庭争端，限制我们的选择权利，进而给我们带来痛苦。

生活本来就无法预知，而且是永远无法预知的，不管我们做多少努力,仍然不确定明天会怎样、会发生什么?真正能让我们踏实下来的,莫过于把握住现在能够把握的,做好现在能做的,秉持一种"但行好事,莫问前程"的心态,结局往往都不会太坏。

Part / 06

无须小心卑微,亦不必故作强大

> 人应尊敬他自己,
> 并应自视能配得上最高尚的东西。
>
> ——黑格尔

✧ 外界的批判，无法定义你的好坏

我们在一生中要作出无数个决定，大到婚恋、择业，小到购物、出行。但无论做哪一件事情，我们都免不了要咨询他人的意见，抑或是被他人所评议，而这些外部环境灌输给我们的观念，通常会直接影响我们的行为。

索伯格教授是史学界的专家，编撰过很多书籍，成果斐然。学生们都希望老师能够写一本回忆录，把历经的风雨讲给更多的人听。索伯格教授用了两年的时间完成了这本回忆录，学生帮他联系了一名知名出版社的编辑。编辑很感兴趣，花了一周的时间通读了全稿后，联系了索伯格教授，表示他们愿意出版这本书，只是有些地方需要做一些改动。

索伯格教授听闻回复后，表示自己最近很忙，但会尽快修改稿子，寄回出版社。可是，两三个月的时间过去了，编辑一直没有收到索伯格教授的修改稿，询问之后得到的回答是索伯格最近很忙。无奈之下，那位编辑只好委托当时联系他的那位学生，请求他去问问教授实情。

Part / 06
无须小心卑微，亦不必故作强大

学生前往老师家拜访，在老师的书房里，他一眼就看到了放在书架最高层的那本厚厚的书稿。书稿的表面已经落了一层灰，看来老师已经打算把它束之高阁了。学生委婉地询问稿件修改的进展，索伯格教授说："再等等吧，我还没有想好。万一改得不如出版社的意，我宁愿不出版了。"

学生瞬间就明白了老师的想法。原来，是编辑对文稿的改动意见让索伯格教授产生了焦虑和怯意。他虽然编撰了一辈子的书，但因为之前都是其他人的创作，其质量跟他没有绝对的关系。可这一次是自己的回忆录，他开始担忧外界的评价了。

这样的情况很常见，特别是当我们准备做一项重要的决定，或是投入到某项事业中时，我们脑海里最先闪现的，就是怕别人的闲话。这时，内心的焦虑就会让我们产生逃避和拖延的倾向，甚至会想："我能做好吗？""别人都不曾这样做，我可以吗？""我的出身如此卑微，会不会被人看不起？"当这些念头涌上来时，整个世界顷刻间似乎都成了我们的敌人，周围都是嘲笑和讥讽的声音，仿佛所有人都在用尺子衡量我们。

这是很多人都会犯的错误，也是普遍存在的消极心理状态。虽说他人的评价有时可以帮助我们更好地认识自己，但这并不代表所有的评价都是正确的，更不意味着我们要全盘接受这些评价，并将其中那些否定我们的、怀疑我们的话视为真理或预言。

美国知名女演员索尼娅·斯米茨年少时曾被班里的一个女生嘲笑长得丑，跑步的姿势难看，为此她还在父亲跟前大哭了一场。父亲听完后笑了，并没有安慰她说"你很漂亮，跑步的姿势也很好看"，而是说"我能够得着家里的天花板"。

索尼娅·斯米茨不解，她想不到父亲怎么会把话题扯到天花板上，更何况天花板足足有4米高，父亲不可能够得着。望着她疑惑的表情，父亲问："你不相信，是吗？"索尼娅·斯米茨点点头。父亲接着说："这就对了！所以，你也不要相信那个女孩子说的话，因为不是每个人说的话都是事实。"

不管旁人对我们做出什么样的评价，那都仅仅是他们的主观理解。他们只是从自身的感受出发，而不会试图去了解事情的本质，更不会站在我们的角度考虑问题。我们无法强求别人从客观、公正的角度来评价任何事情，但我们能够在做任何事情的时候都这样告诉自己：所有的评价都跟我所做的事情的实际价值无关，别人的评价不会让我的价值降低，真正重要的是在这个过程中，我是否让自己的生命得到了绽放。

或许，我们都该谨记马克·鲍尔莱因的忠告："一个人成熟的标志之一就是，明白每天发生在自己身上的99%的事情，对于别人而言根本毫无意义。"别人说什么，都只是他们内心的状态，而无法定义我们的好坏。

✧ 亲爱的，放过一时间脆弱的自己

2004年的法国网球公开赛上，女选手维纳斯·威廉姆斯连胜17场，战绩傲人。当记者追问她对胜利有何感想时，她说："我还不够努力。有时，我求胜心切；有时，我求胜心不够强；有时，我不遵循教练指导；有时，我不听从自己的安排。我讨厌在任何事情上犯错，不仅是在赛场上。"

看得出来，威廉姆斯是个追求完美的人，不容许自己有丝毫错误。有人说，正是因为她对自己设置了高标准，才能获得今天的成就，追求完美是她达到目标的健康动力。然而，加拿大心理学家保罗·休伊特却不这样认为，他说："这些人往往忽略了完美主义者脆弱的一面。"

休伊特与戈登·弗莱特教授，多年来一直研究完美主义，他们发现不管是哪种类型的完美主义者，都免不了有这样那样的健康问题，比如焦虑、沮丧、失落等。比如加拿大芭蕾舞演员克伦·凯，她在职业生涯中表演超过1万场次，可她在自传中却说，只对其中大约12场演出感到满意。提及对自我能力的感想，她的第一感觉就是失望。

很多完美主义者都没有意识到这些问题，他们总以为别人对自己有更高期望，所以不断地努力。他们不愿意尝试新鲜的事物，怕给人留下不完美的印象。更重要的是，他们渴望在人前展示完美，一切问题都习惯自己扛。他们愿意给别人提建议，却不愿意请教别人，因为他们不想承认自己不行。

泰勒在《幸福超越完美》中这样写道："完美主义者很愿意给别人提建议，力图把事情再次变得完美，不过，他们自己却不愿意寻求他人的建议或是任何形式的帮助。事实上，寻求帮助是完美主义者转变为最优主义者的最好方法，展示真实的自我，表达内心的需求，展露自己的脆弱。"

或许，是因为长期以来被灌输了"要争第一，要赢过别人"的思想，抑或是现实、书籍和成功学不停地告诉人们，想要在社会中生存，就必须做一个所谓的"强者"，一定要如何如何，而是我们接受的教育总是要求我们尽量自我鼓励，不要自我否定，于是让很多人逐渐掉进了完美主义的怪圈，力求精细而忽略全局。可事实上，我们真的必须要成为一个强者，必须要时刻勇敢，不能暴露自己的不足和脆弱吗？

生活，没有"必须"，所有的"应该"和"必须"都该被丢弃。唯有这样，我们才能成为一个自然的人，流露出自己真实的一面，不伪装，不掩饰。脆弱有什么不对？这是人性中固有的一个部分。如果刻意抑制着自己的脆弱，故作坚强，更无益于身心健康。

欧阳小姐是一家大公司的主管。每天早晨起来，尽管头脑还因为前一天的加班而发晕，可她临出门前，还是会对着镜子勉强地挤出一个微笑。她暗示自己：我必须要精神饱满，我必须要展示出自信和快乐。可实际上，她潜意识里的想法是——"低落"是不对的，"疲倦"是不好的，"脆弱"是会被人嘲笑的。所以，每天她都用自信的面具把自己伪装起来，希望别人看不穿这层面具。可在内心深处，她会隐隐约约地感到一丝沮丧，因为她所表现的并不是自己的本性。

遇到了挫折和失败，欧阳小姐也会装作满不在乎，她始终把自己最干练、最坚强的一面展示出来，她总在暗示自己："我不能哭，我不能倒下，我不能那么脆弱，我必须要勇敢，要坚强。"当听到别人说"你真是个坚强的女人""我真的很佩服你，我就做不到"时，她会感觉内心有一种优越感、成就感。可事实上，离开人群，躲在家里的她，大口大口地吃着零食，掉着眼泪，她的内心中有一种莫名的悲伤，怎么样都挥之不去。当然，第二天她还会一如既往地以女强人的形象出现在人前，当作什么事也没有发生过。

欧阳小姐是真的坚强吗？不，我们都看到了，她是多么的脆弱和无助。只不过她不想承认，也害怕承认。或许，连她自己也想知道，究竟要怎么样做才能真的变"坚强"？

这个问题不是简单的一两句话能够说清楚的，在解决此难题之前，我们必须先弄清楚一个问题：是脆弱想要变成坚强。"脆弱"只有跟"想要坚强"的概念在一起，它才能够停留。这就如同，如果你放弃了想要成为富翁的念头，你怎么能够想到你自己是贫穷的？如果你放弃了想要博学多才的想法，你怎么能够觉得自己无知？

灵性大师张德芬说过："凡是你抗拒的，都会持续。因为当你抗拒某件事情或是某种情绪时，你会聚焦在那种情绪或事件上，这样就赋予了它更多的能量，它就变得更强大了。这些负面的情绪就像黑暗一样，你驱不走它们。你唯一可以做的，就是带进光来。光出现了，黑暗就消融了，这是千古不变的定律。喜悦，是消融负面情绪最好的时光。"

至此，我想答案已经出来了。我们身上的每种特质、心中的每种感情，都可以让我们得到某一方面的收获。脆弱，也是内心世界不可分割的一部分，我们抗拒它，所以它才会一直存在。当我们试着放弃想要坚强的欲望时，或许就会惊讶地发现，脆弱也消失了；唯有刻意压制某些特质的时候，它们才会成为阴影。

✧ 多少人前的傲慢，不过是自卑的补偿

M小姐在公司里已是元老级别的人物了，从一个羞涩不谙世事的小文员，一路披荆斩棘坐上了行政主管的位子。如今她不再是别人口中的"那个谁"，她是做事干净利索的达人。

往事不堪回首，和所有年轻人一样，M小姐也经历过难熬的"蘑菇期"，也曾因为自己是新来的而被人呼来唤去。不过，那都是"过去式"了，现在的她工作能力有目共睹，大大小小的事总能办得很漂亮。所以，站在人前的她，总有一股子傲慢劲儿。

对刚毕业的年轻下属，她百般怀疑和挑剔，说什么"嘴上无毛、办事不牢"；对于和自己资历差不多的人，她觉得对方能力不济、态度不佳，工作效果自然大打折扣；对那些身份地位比自己高的，她又心生妒忌，尽可能地找对方的缺点，挑对方的毛病。

M小姐还有很多讲究：办公室要一尘不染，如果哪个下属边啃面包边做事，被她撞见肯定是一顿批评；谁在办公室里高声讲电话，得到的肯定是她的白眼。M小姐对于工作的要求，就更不用说了，

若是文件里出现一个错字,她肯定会让员工返工。遭到批评时,下属们都老老实实地像小学生一样闷声不语,私底下却无奈地相互慰藉,说活该倒霉,摊上了这么一位女魔头,简直是不可理喻。

那么,真实的M小姐,到底是不是一个不可理喻的人呢?

要我说,还真的不是。出身于小城镇的她,高考时以全县第一的成绩考入了某大学,从羞涩的小镇姑娘到繁华都市里上学,她的内心有过很多挣扎的经历。刚上大学时,她不懂计算机,因为老家的中学条件没那么好。看着周围的人都在讨论上什么网站,聊QQ、MSN的时候,她一句话也不敢插,因为她怕露怯。若有同学问起,她便故作轻松地说:"我很少上网,不怎么喜欢玩电脑。"然而,她在私下里拼命地学习电脑知识,以防别人发现自己的"缺陷"。

大学毕业后,她应聘到现在的公司。不得不说,来这家公司之前,她在网上查了公司的介绍,得知它实力雄厚,对员工要求很高,竞争激烈,心里很是忐忑不安。面试通过后,她进入公司上班,担任行政部普通文员一职。

大公司行政部工作繁忙,初出茅庐的她不熟悉工作流程,和周围的人也不认识,一切都像刚上大学时那样,从零开始。但她骨子里不服输,对自己要求严格,也讨厌被人批评,不管多么辛苦,她都尽量把每项任务都做到无可挑剔。久而久之,她在部门里成了主管最得力的助手,再后来主管职务调动,她便坐上了主管的位子。

如今的她，在职场上找到了自己的位子，在大城市里有了一块立足之地，可她内心从来没有真正地"平衡"过。她努力表现自己，为的是不让别人看出自己的紧张和焦虑；她表现得那么傲慢，其实是怕别人看不起自己。她的完美苛刻，很多时候也是害怕暴露自己的不足。

M小姐的种种表现，不禁让我想起多年前一部热播的台湾偶像剧《放羊的星星》，里面的女二号欧亚若是珠宝公司的设计总监，有才能，有容貌，父亲是南极科学家，尽管为人刻薄傲慢，做了很多不利于女主角的事，但在很多不知情的人眼里，她仍然不失为一个有魅力的女人。可临近剧终时，一个可怕的真相被揭开，欧亚若根本不是出身名门，她做的很多"坏事"，都是在极力掩盖一个让她感到自卑的事实：她是杀人犯的女儿。

欧亚若一直活在理想的自我中，她希望自己是南极科学家的女儿，希望能和心爱的男子在家庭出身、教育修养上势均力敌，所以她"演"出了一个理想的自我。这种饰演的背后，藏着的就是她对自己、对父亲的强烈否定，以及内心深处深深的自卑。

炫耀是内心的缺失，傲慢是自卑的补偿。因为担心别人看不起自己，所以要端起那个架子来。倘若心里没有那种自卑感，那自然也不用刻意营造出一种"我比别人强"的姿态，相反，他们一直表现得很自然，你看得起我或者看不起我，都没关系，我就是这样。

其实，如果我们真的想要在人前展现自己的美好，需要先收起防御自卑的傲慢，鼓起勇气去面对真实的自己，以及发生在自己身上的一切。只有我们敢去面对，才能从容地面对他人，而别人也才有可能会喜欢上真实的我们。

◇ 你的所作所为，是你当时最好的表现

N小姐失恋了。

回想起跟恋人的点点滴滴，她心中有百般的不舍。彼此不再联系的日子，她就像丢了魂一样，整个人萎靡不振，做什么都提不起精神。她想跟朋友倾诉，可还没开口眼泪就掉下来，满腹的委屈让她无力承受。

分手的原因，男友说是两个人性格不合，可直觉告诉她，事情没这么简单。果不其然，在分手以后，她就听别人讲，男友跟另外的一个女孩在一起了。N小姐难以接受这个事实，可又知道自己无权去干涉对方，于是留在她心里的就只剩下一连串的自责和后悔。

相恋的两年里，她总是摆出一副"公主"的姿态，让他哄着、宠着。她想，可能就是因为自己太"作"了，他才离自己而去。今天这一切的后果，全是她自己酿成的，怪不得任何人。她总在幻想：如果他能回来，她肯定不会像原来那样。

不仅如此，N小姐还托人弄来他那个新女友的照片，对比自己和她的不同。这一比较，N小姐更加自卑，觉得自己皮肤没人家白、身材没人家好、赚钱好像也没人家多……看到这些，她更是把自己贬到了尘埃里，甚至觉得男友离开自己是"应该"的。她一直埋怨自己：如果早点减肥就好了，如果能多在工作上努力就好了，那样的话，也许他就不会离开自己。

爱就爱，不爱就不爱，感情之事是没有那么多条条框框的。就算是外在条件再不好的人，也可能拥有一份忠诚而美好的爱情；就算是万里挑一的条件，也可能碰到不爱自己的人。像N小姐这样，把失恋的原因全都归咎于自己，就是一种过度的自责。

过度的自责，是一种向内的自我攻击，超出了我们通常所说的自我批评的范围，而是类似于自责妄想。最明显的表现就是，过分地贬低自己，毫无根据地认为自己不够好，甚至一无是处。

其实，真的是N小姐不够好吗？真的是她做错了吗？

不一定的。她之所以这样想，不过是无法接受男友已经不再爱自己的事实。可无论她的自责多么深刻，无论她陷入多么悲情和绝望的境地，都无法改变这一现实。

陷入过度自责中的人，往往会损害正面的自我评价，变得敏感、郁闷、沮丧。过度自责的实质，是逃避现实责任的一种自我保护机制，也可能是一种心灵内在和外在环境的心理冲突。这些都是人格不够健全、思维模式偏激导致的。

要走出过度自责的陷阱,最重要的是处理好自己的情绪,并能够通过对自我情绪的感知与觉察,更好地认识自己,调整自己,为自己的人生和选择真正地负起责任。

每一段感情都是一次成长,都是一面镜子,让我们在关系中更好地看清自己。N小姐遭遇了失恋,可在伤痛之余,她也应当学会正视自己的问题,比如"依赖感太强""喜欢黏人""用发脾气的方式去获得对方的关注",究其根源无外乎是缺乏安全感、自我价值感不够。如果这一点不改变,就算再重新爱一次,或是再遇到另外的人,N小姐还有可能会重复这样的相处模式。事情本身是不会改变的,只有人变了,它才会变。

一个人能否从过去的行为中汲取经验教训,对一个人自信的形成极为重要。然而,为过去的事情后悔自责,并不等于从过去汲取经验。汲取经验的意思是,基于你的意识尽可能地承认问题,分析问题,避免再犯相同的错误。不要把宝贵的时间和精力浪费在过度自责上,这种负面情绪只会阻止你改变目前的状态,它会让你的意识停留在过去,无法积极地面对现在。

可能你会问:我要如何原谅自己呢?每每想到,都觉得悔不当初。

有句话,也许值得我们铭记于心:"你的所作所为都是你当时最好的表现,即使这个'最好'是有过失或不明智的。"我们的每一个决定和行为，都基于我们当时的意识水平，我们不可能超越目前的意识水平，因为它是我们理解一切事物的基础。有缺陷的意识，必然会导致一段有缺陷的经历，不久后我们就会为自己的行为感到后悔。

我们的行为都是用来满足需求的手段，可能是"明智的"，也可能是"不明智的"，但不能就此判断我们这个人究竟是"好"还是"坏"。从本质上来说，每个人都是美好的，我们所犯的错误只是在某一时刻基于错误的意识行事而已。

停止过度自责吧，把"责备"变成"负责"，为自己的人生和选择担负起责任，意识到问题的存在，用积极的态度去面对，不只能够缓解糟糕的情绪，你的态度、你的习惯，乃至你的人生，也会跟着一起改变。

Part / 06
无须小心卑微，亦不必故作强大

◇ 不必害怕明天，路是一步步走出来的

刚毕业那两年，阿凯一直处在极度焦虑的状态中，情绪也起伏不定。唯一的发泄方式，就是在网上写点东西，理解的人给些只言片语的安慰，不理解的人笑笑就飘过，看不懂的人说他是在"发神经"，活得虚无缥缈。

其实，阿凯的焦虑不是无缘无故的，许多人都经历过：不敢去想未来，不知道明天在哪儿？

走出象牙塔，漂泊在异乡，手里攥着仅有的几百块钱，租着一间简陋的房子，每天去网吧投简历，把城里的各个区都跑遍了，可两个月下来，就是找不到合适的工作。手里的钱越来越少，瞅着昔日的同学朋友都渐渐稳定了下来，阿凯心里不由得着急和恐慌。

最难受的，是父母打电话来询问近况时。实话实说，阿凯面子上挂不住。父母供养他多年，好不容易盼到了大学毕业，总以为就熬出头了，要知道他连工作都没找到，怕是心里会失望。而阿凯能做的，就只有违心地报喜不报忧，说自己一切都挺好，挂了电话之后再偷偷地抹两滴眼泪，倒不是觉得委屈，而是体会到了生存的艰难和无奈。

没毕业时，阿凯想着繁华的城市里，遍地都是施展才华的机会，就像乡村田野里盛开的小野花那般。可真的走进了社会，才知道多数人不过都是凑合着过日子，总得先在这个无亲无故的城市里活下来，才有资格去谈梦想。

第一份工作，每个月工资1200块钱，阿凯接受了，因为别无选择。月底发工资，按照天数计算，他拿到了400块钱。那400块钱，对于当时的他来说，俨然就是救命的稻草，他握到手心出汗，心里默念着一句话：终于可以生活了。

当日子逐步进入正轨时，生存的压力基本上已经被解决掉，至少他可以租得起便宜的房子、吃得起小餐馆的饭菜。然而，最初的那份焦虑却没有随之消散，反而愈演愈烈了。

周围有人升职加薪，有人出国留学，有人进了外企，有人买了房子，有人开上了车，还有人已经开始筹备结婚的事了。别人的生活似乎总是在大步向前，而阿凯虽然越过了生存的基准线，但跟别人一比，还有着漫长的距离。

身边的女友也不再像大学时那样简单纯粹了，一份可爱多冰激凌已经打动不了她的心，她现在想要是哈根达斯；看到别人在城里的某个角落里，有了一个属于自己的家，再看看这个简陋的出租房,她满心委屈,虽未直说,一切却都写在脸上。

他慌了,他乱了,面对着现实中的自己,他不知道明天究竟会怎样。他所憧憬的那些未来,他给她的那些承诺,在他心里,越发像是一个遥不可及的梦。

终于,爱情败给了赤裸裸的现实。女友离开了,走的时候,接她的是一辆本田轿车。阿凯不怪她,毕竟相爱一场,谁都有权利选择自己想要的生活。更何况,自己无法允诺给她未来,就连明天身在何处,也是一个未知的答案。

许多事想通了,就不会纠缠不休,颓废消沉。失恋的痛苦在所难免,但阿凯还是清醒的。为了让自己尽快调整好状态,从过去的回忆里抽离,他将大把的时间和精力放到了工作中,不再关注周围的谁结婚了、谁买房了、谁升职了,那些只会平添他的烦躁。

他从原来的办公室职员,调到销售部做业务,每天早出晚归,跟诸多陌生的客户打交道。这仿佛是一扇特别的窗,让他有机会见识到另一个世界,也为他的心开辟出了另一条路。他忘记了时间、忘记了忧虑,专注于每一天的任务,专注于每一位客户。

从最初的屡屡遭拒,到后来的小订单,再到后来拉到了大客户,路走得崎岖艰难,却也带给他莫大的鼓舞和信心,治愈了他心底的伤,驱逐了他莫名的焦虑。

忙碌的日子总是过得很快。现在的他,已经在公司里有了自己的立足之地——独立的办公室，办公室的门上赫然写着三个字：经理室。是的，靠着自己的奋斗和努力，他已经成了公司的业务经理，有公司配备的车，房子虽然还是租的，却早已不是简陋的小屋了。

每逢节假日，他可以坦然地给父母打电话，告诉他们一切安好，偶尔还会接父母过来小住。至于感情，他心底那个最重要的位子依然空着，但他不再焦虑、不再恐慌，倘若遇见对的人，他相信，他给得起她幸福，给得起她一个温暖的家。

回首走过的这段历程，阿凯总是笑着说："以前，我很担心我的未来，每天焦虑得睡不着觉，心里就像揣着一窝兔子。后来我也想开了，就只管过好眼前吧，结果日子竟然变得好过了，事业也顺当了。我突然明白，有些事情你拼命地想、拼命地担忧，却根本没有用，只要把眼下能做的做好了，结果就不会太差。"

人生的路上有无数的驿站可以歇脚，有的包袱可以等到该背的时候再去背，用不着把所有的包袱都背在今天的背上。你我都只能活在此时此刻，所以，真的不必害怕明天。

✧ 客观地评价自己,是自尊与自爱的根基

你真的认识自己吗?对于这个问题,我相信,很多人都没办法给出答案。因为人对自己的认识并不是一种抽象的概念,它本身带着情感与态度,伴随着自我评价的感情,即对自己是充满好感还是憎恶,是满意还是不满意。

尼采说过一句话:"每个人距离自己都是最远的。"言外之意,人最不了解的是自己,最容易忽略的也是自己。很多时候,我们都不是在客观正确地评价自己,特别是在身处逆境的时候,我们更倾向于自我攻击、自我贬低、自暴自弃。

哈佛大学心理研究中心的资深教授乔伊斯·布拉德认为:自我评价是人格的核心,它影响到人们方方面面的表现,包括学习能力、成长能力与改变自己的能力,以及对朋友、同伴和职业的选择。可以毫不夸张地说,一个强大、积极的自我形象,是为成功做的最好准备。相反,真正会打败我们的,不一定是外界的环境和事件,而是消极的信念与自我评价。

这很像自然界的狼与驯鹿的关系，它们在同一个地方出生，又共同生长在自然环境极其恶劣的荒野。多数时候，它们都是相安无事地在同一地方活动，狼不会去骚扰驯鹿群，驯鹿也不害怕狼。然而，就在这看似一片平和的时候，狼会突然向驯鹿发出袭击，驯鹿惊慌而逃，同时又聚成一群，以确保安全。

在这个过程中，狼群其实早已经盯准了目标。在追与逃的游戏里，会有一只狼冷不丁地从斜刺里窜出，迅速地抓破一只驯鹿的腿。游戏结束后，没有驯鹿牺牲，狼群也没有得到任何食物，但它们已经做好了标记。第二天，同样的一幕会再度上演，依然会有一只狼从斜刺里冲出来，再去抓伤那只已经负伤的驯鹿。

每一次，都有不同的狼从不同的地方窜出来当猎手，攻击同一只驯鹿。那只可怜的驯鹿，旧伤未愈，又添新伤，逐渐丧失了大量的气力和血，且在屡屡被侵袭后，它也丧失了反抗的意志。当它越来越虚弱时，就不再对狼构成威胁。此时，狼群就会群起而攻之，将其变成腹中之食，饱饱地吃上一顿。

从理论上说，狼是无法对驯鹿构成威胁的，因为驯鹿身材高大，完全可以一蹄将身材矮小的狼踢死或踢伤，可为什么最后驯鹿却成为狼的猎物了呢？因为狼很聪明，每次都去抓伤同一只驯鹿，而那只驯鹿一次次地遭受侵袭，被打击得信心全无，最后心态彻底崩溃。在那个时刻，那只驯鹿已经忘记了自己是一个强者，忘记了自己还有反抗的能力。

如果我们无法对自己作出客观的评价，总是低估自己，怀疑自己，那就很难做到自尊与自爱。原因很简单，想要的不敢去争取，因为觉得自己不配得；有机会不敢去争取，因为不相信自己有能力做到，害怕失败；看不到自己的长处，甚至经常拿自己的短处去跟别人的长处比较，强化内心的消极信念，结果我们就会跟那只驯鹿一样，被打击得心态崩溃。

每个人都不完美，个性特质也不尽相同，但这并不妨碍我们相信自己、肯定自己。问题的关键在于，我们是否看到了真实的自己，是否敢去面对真实的自己，并超越自己。你可能长得不够漂亮，但你很健谈，善用语言与人沟通；你可能有点孤僻，但头脑冷静，可以帮朋友理性地分析问题……我们都是独特的，有自己的优势和短板，但我们不是他人的从属与附庸，我们可以活出最好的自己。

说到底，一个人想要获得成就与自由，需要根植于自己的独特个性。忽视或抹杀自己的个性，亦步亦趋地效仿他人，掩饰自己、厌恶自己、舍弃自己，只会让我们内在的价值感变得越来越脆弱。无论发生了什么，或是将要面对什么，我们都不必小心卑微，也不必故作强大，敢于做真实的自己，便能萌生出强大的力量。

Part / 07

关系是一面镜子,照见真实的自己

关系是一面镜子,在其中你可以看到自己,
不是看到你希望的形象,而是看到你真实的情况。

——克里希那穆提

✧ 一切外在的关系，都是潜意识的投射

你有没有听过这句话？外面没有别人，只有你自己。

我在第一次看《遇见未知的自己》时，就深深地记住了这句话。只是那时我年纪尚轻，对它还一知半解，并不如现在体会得那么深刻。如今，再去看这句话，我就能把它跟很多问题联系起来了，也更能透过一些表象看到实质。

每次回父母家，妈妈都会给我带一些半成品，都是很常见的东西，如腌制的鸡蛋、焯水的青菜，其实很多东西我并不是特别爱吃，但每次都应声地拿回来。有一次，先生把我拿回来的焯水豆角扔掉了，我顿时大发雷霆，眼泪唰一下就掉了下来。

先生扔掉焯水豆角的原因很简单，他认为，各种豆角放一起焯水，看起来有些粗糙，也不知该怎么吃才好。我得承认，妈妈在做家务和饭食方面，的确不够精致，她可能早年过了一些苦日子，有什么菜就混合起来吃，虽然口感很差，但不浪费。有一次包饺子，明明说好是猪肉韭菜馅的，结果出锅时，大家吃到嘴里的都是苦味

的馅。细问才知道,妈妈竟然把剩下的一把蒲公英,掺在了韭菜馅里。那次的饺子,弄得大家都很不愉快。

即便如此,在先生把妈妈给我带回来的焯水豆角扔掉后,我还是压抑不住地愤怒和难过。这样的情况已经不止一次地发生了,之前他还扔过其他的东西,比如粽子、酱菜等,但凡被浪费、被扔掉,我都会感到很难受。事实上,我自己从超市买回来的食材,有些东西远比它们的价格要贵,可因为不新鲜或过期的原因扔掉,我从未感到心疼。

我心底虽然对这件事情感到不解,但从未深究。直到后来在一次工作坊,听老师谈到某个案时,我才恍然大悟。原来,我在意的并不是那些食材,我也不是真的愤怒于先生扔掉它们的行为,而是因为在成长的历程中,妈妈给我的爱一直都是很粗糙的,不够细腻、不够精致,我也嫌弃它们不够好,可那又是我唯一得到的。扔掉了那些食材,就如同让我摒弃那仅有的、粗糙的爱,这让我痛苦难忍。

我把内心的这种感受告诉了先生,他也理解了,并安慰我说:"以后,咱们家可以给你更好的。你不喜欢的、不想吃的那些菜,可以不拿回来的,那样也不会浪费。"

从那以后,我真的很少再从妈妈家拿半成品回来。她询问我要不要的时候,我会直接说出自己的想法。更重要的一点是,我已经能够把食材和妈妈的爱"分开"了。就算我不要那些菜,我依然可以拥有妈妈的爱;就算那些爱有点粗糙,但她已经尽力。而且,现在的我已经有能力给自己想要的东西,以及渴望的爱。

你看,只是一份简单的食材,却藏着如此多的故事和感受。从某种意义上来说,所有关系的本质,都是我们与自己关系的投射,当自己内心深处的问题没有了,外部的问题也就结束了。当我们还无法百分百接纳某些问题的时候,说明我们的内心还有些问题没有处理好。

我身边的一位朋友,自身非常优秀,她希望自己的孩子也很优秀。在怀孕的阶段,她就每天进行胎教;当孩子长大一些,她又开始带孩子去上早教课。刚进入幼儿园时,孩子表现得很出色,可到了中班阶段,孩子就出现了"行为问题":不遵守纪律,抢其他小朋友的玩具,爱哭闹……朋友焦虑得不行,赶紧带孩子去看心理医生。结果,心理医生暗示说,孩子的问题与家庭教育的模式有一定的关系,可朋友却坚决否认。

记得我们在这本书开篇时就说过,很多人并没有活出真实的自我,甚至是活在理想自我中。我的这位朋友,就拥有一个"优秀分子"的假想自我,她希望自己时刻都是优秀的,这就意味着,她把自己平庸的那部分特质给压抑住了。不仅如此,她还很排斥自己平庸的特质,讨厌落后。这个面具跟随她太久,结果连她自己都误以为,自己没有平庸的特质。

现在,她将被压抑的特质投射到了孩子身上。也许,孩子本身没有那么平庸，跟其他孩子差不多，但身为母亲的她，却对平庸极其敏感，一下子就看到了孩子平庸的那部分，给孩子戴上了平庸的面具。如果她接纳平庸的特质，她就会允许孩子平庸，然后陪伴孩子一起成长；可她不接受平庸，认为平庸是可耻的，坚决要"消灭"孩子的平庸特质，结果就跟孩子的平庸特质（同时也是跟孩子）进入了敌对的状态。在敌对的状态中，孩子是很难受的，他必然会反抗，结果就是孩子表现得越来越糟。

有人排斥自己的父母，觉得父母哪儿都不好，总想改造他们。结果亲子关系闹得很僵，孩子甚至一年都不回家一次。其实，孩子不是不想父母，只是心里有个解不开的疙瘩。对于这样的情况，依然有潜意识的投射在里面。换句话说，当一个人觉得父母怎么都不对时，往往是他把"错误"的面具投射给了父母。事实上，每个人都会犯错误，但那些自认为一直正确的人压抑了错误面具，并把它投射到别人身上，对别人的错误神经过敏，还经常放大这种错误，特别是在至亲面前。

总而言之，在实际生活中，我们的喜好或厌恶，都跟外界和他人的关系不大，更多的是我们潜意识的投射，是内在心理的压抑，或是情绪的外化。透过关系，我们要看见并聆听自己的感受，认真面对那些阴影，并发自内心地接纳它。

这，便是与自我和解的开始。

◇ 你讨厌的人身上，往往藏着自己的影子

一日，我与朋友艾莉在咖啡厅叙旧。邻桌的一位女士在打电话，说着说着竟然破口大骂起来。我们离得很近，从话语中能听出来她是在跟自己的丈夫通电话，因为提及了他们的婚姻，还有婆婆、孩子的事。吵嚷了片刻之后，那位女士气急败坏地走了。

看到这一幕，艾莉摇摇头，低声跟我说："何必呢？就算婚姻维持不下去了，也用不着这样诋毁爱人和婆婆吧？"

我们继续天南海北地闲聊，不多时也提到了家庭的问题。现在，艾莉的孩子一直是婆婆照看，对于如何管教孩子的问题，两代人始终有分歧，对此艾莉也有点不满。她抱怨了一通，说婆婆如何溺爱孩子，又说丈夫的立场不坚定……

我看着她，不禁笑了，说："瞧，你现在不是也在发牢骚吗？说丈夫、说婆婆，就是没刚刚那位美女的脾气大。"艾莉叹了口气说："唉，不管是谁，遇到这样的事估计都得唠叨唠叨，这就叫'家家有本难念的经'。"

其实，不只是艾莉，还有很多人，包括我自己，都曾犯过类似的错误。我们觉得自己的内心世界是"完美的"，和跟那些看起来"穷凶极恶""爆粗口""素养不够"的人，完全不一样。可事实上，很多时候我们跟他们并没有那么大的区别。可事实上，我们只是所处的立场不同，没有置身于其中，经历他们正在经历的事，所以才会主观地"品头论足"。

再说一件我自己亲身经历的事。有一次，我在公交车上看到一位母亲，不知道出于什么原因，对自己的儿子破口大骂。我当时就想："这个女人实在太'过分'了，孩子也是有自尊心的，怎么能当众这样训斥他呢？如果我以后有了孩子，我肯定不会这样做。"

可就在那天，我回家之后，突然发现自己新买的那个摆件碎了，那是我逛了很多家店才买到的，爱不释手。母亲告诉我，是小侄子在家里打闹时，不小心给摔碎的。虽然我知道他只是孩子，也只是无心犯的错，可我还是忍不住大发雷霆，吓得小侄子哭了。

那一刻，我又想起了公交车上的一幕，原来我也有可能会像那个女人一样对待孩子，我身上也缺少宽容和耐心的特质，只是我自己不愿意承认而已。

记得德国作家托马斯·曼曾经说过："不要由于别人不能成为你所希望的人而愤怒，因为你自己也不能成为自己所希望的人。"

其实，我们都该意识到，那些我们不喜欢的人、看不惯的人表现出来的特质，我们身上也有。我们之所以对别人表现出来的某些特质感到不屑和厌恶，是因为我们不愿意承认和接纳它的存在。那么，如何才能控制这种抵触的心理呢？

大家都知道，有个词语叫作"换位思考"，生活中一旦我们发现自己又开始挑剔和厌恶别人所表现出的某些特质时，就可以用它提醒自己，如此我们便能想通很多问题。

比如，一个青少年整天不务正业，不是泡网吧，就是跟别人去打架，偶尔还会偷东西、打劫小学生和中学生的钱，对自己的父母也不尊敬，甚至还总是埋怨。看到他的种种行为，相信很多人的第一反应都是"这孩子太不像话了""这孩子没前途了""简直就是不孝子"。

这个时候，有多少人转念想过：他为什么会变成这样？假如你跟他一样，从小父母离异，没有家庭的温暖，被周围的邻居看不起，在学校里经常遭受同学的恶意凌辱和老师的冷嘲热讽，你幼小的心灵如何能够承受？你是否也有可能会变成他现在的样子呢？

再如，电视里经常出现这样的画面：妻子发现丈夫有了外遇，歇斯底里，跑到丈夫的公司里大吵大闹，或是当众羞辱第三者，俨然一副泼妇的姿态。丈夫原本还存留的一点歉疚和悔意，也荡然无存。

见此情形，很多人都会说："这女人疯了，太不理智了！""为什么不私下里跟他谈呢？""弄得满城风雨，对你有什么好呀？真是没头脑"……诸如此类的评价很多，总之是鄙夷妻子冲动的做法。

这个时候，有多少人想过：她为什么会丧失理智？假如你是她，在丈夫最穷困潦倒的时候你不离不弃，陪他一起创业，公司刚起步的时候你起早贪黑，风里来雨里去，付出了太多的艰辛。结婚十几年，你悉心地照顾他的父母、抚育你们的孩子，上上下下、里里外外的事都是你一人在打点，为的是让他能安心发展事业。

如今，他事业飞黄腾达了，却忘记了昔年的旧情，忘却了还有一个为他日夜操劳的人，你会作何感想？你会不会感到心寒，会不会感到气愤？会不会忍不住内心的痛苦想找他问个清楚？或许，换一种情境，我们的表现并不会跟她有多大的不同。

尝试设身处地、将心比心，把自己想象成各种各样的人——快乐的人、悲伤的人、贪心的人、吝啬的人、暴躁的人，当我们遇到跟他们相同的事情时，自然就会有一份理解和原谅。

过去我们之所以讨厌他们，只是因为他们恰巧表现出了某种我们自己也有却不愿意承认的特质。当我们伸出食指指着别人的时候，中指、无名指和小指都在指着自己。

想通了这一点，我们在生活中就不会再刻意掩饰某些消极的特质，因为在特定的情境下，它们自然会表现出来，而不处在那样的情况下，消极特质也就不会形之于外。当我们包容了人类所有的可能性时，就不会再感到不舒服了。

只有把内与外、积极与消极结合起来，找回一个完整的自我，才能在不同的情境下控制自己所表现出的特质，达到"从心所欲，不逾矩"的境界。

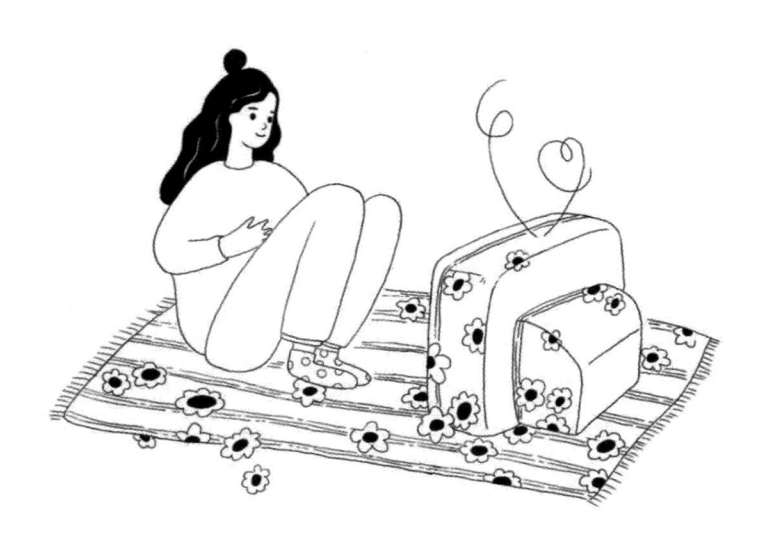

◇ 对别人发脾气，是自己的伤痛未曾治愈

半年前，闺密在去新疆的路上给我发消息，诉说心情。那是一条风景还不错的路，只是想要的人不在身边，风景越美越觉心伤。

此刻的我，能明白她的感受，可在当时，我很遗憾没有给予她一份同理心。

她沉浸在痛苦中，已不是一两天，而是反复纠结在没有答案的循环中。我安慰她，极力希望她能放空，去感受在路上的点滴。

可是，我错了。我说了一句话："你若不想上来，没有人能拉你。"

就是这句话，激怒了她。

我已经想不起当时她给我的回复，只觉得自己也是挨了深深一刀，许久未愈。

这件事过后，我们很长时间都没再联系。不是记仇，只是各自的情绪都未曾平复。

直到那天，我听到一篇祈祷文，忽然领悟到一个事实：当你想

去结束一个人的痛苦时,你不是真的想帮他,怨恨他的固执,而是你迫不及待地想要结束自己的痛苦。

有时,他人就是自己的一面镜子,外界的一切,也不过是内心的投射。

回想那段时间,也是我情绪最起伏不定的阶段,我厌恶的不是听不进劝慰、郁郁寡欢的她,而是饱受着煎熬、用任何方式都难以抚慰的自己。

我对她发脾气,看似情绪的出口是针对眼前的她,其实,那不过是一种错觉。我所有的怀疑、所有的不信任、所有的歇斯底里,不过是因为自己内心的伤痛未曾得到治愈。

沉寂了两个月,努力调适自己的心情,我的心境总算是步入正轨。之后,我做的第一件事,就是给闺密发消息,给她说一声对不起。

我说:"现在想来,你当时需要的不是什么安慰,只是静静的聆听,那才是我应该给你的。可是,我没有做到陪伴,很抱歉。"

时过境迁,情绪消融。她,也恢复了我熟悉的模样,言谈举止和彼时,判若两人。

幸好,我们都是懂得的人,明白真正的问题并不在于那一刻愤怒的情绪,而是藏在愤怒背后未曾疗愈的伤口。

而今想起,我在庆幸之余也有感叹:人生有多少次这样的机会,能在争吵过后抹掉嫌隙,让彼此的关系依旧如初?想必,多少失去和懊悔不已,都是从这儿开始的吧!

情绪控制是考验一个人情商的标尺,为此我做过很多努力。可越是压制,越觉得痛苦,到最后还是忍不住爆发。到现在我才发觉,坏情绪是不能强行压制的,我们必须学会与它相处,才能彻底地平复。至于怎样相处,就是找出它的根源,找到那个真正引发我们痛苦的症结所在。

我很讨厌"胖"这个字眼,最难忍受别人当着我的面提醒我说:"你胖了。"

无论是好心提醒还是善意嘲讽,我都想以牙还牙地攻击。这样的事,我以前也真的做过,丝毫没有给对方留面子。当然,事后我很自责,于情面于修养,都觉得自己不该那样说话。

我是真的很在意他人的眼光吗?似乎也不是。当我冷静下来,跟这份窝心的感觉共处时,才突然意识到,真正惹怒我的不是那个"胖"字,是内心深处对自己"明知道胖,却还不肯改变"的行为的愤怒!我讨厌的不是别人的嘴巴,而是那个不够自律的自己。

当我看穿了事实,便开始调整饮食,加强运动。效果一两天是看不到的,可当我投入一种全新的、喜欢的生活方式里时,情绪也变得平和了。就算有人再说我"胖",我也不是那么在意了。因为内心知道,生活掌控在自己手里,无论能不能做成这件事,至少此时此刻的"我"是被自己认可的、喜欢的。

这也印证了一个事实：一切关系都是自己跟自己的关系，与人相处就是与自己的坏情绪相处，而坏情绪就是那些残留在心底、让我们不愿承认和接纳的、未曾治愈的伤痕。

控制情绪的根本，在于改变一种思维模式和行为模式，而这并不容易。情绪的出现是人的本能，不可能消失，当它萌生的那一刻，大脑一定会最先提供最常用的解决路径，或是愤怒，或是绝望，让我们沿着它的方向走。可如果这样做了，我们就成了坏情绪的奴隶。

其实，当坏情绪出现时，我们不妨先试着去接受那个有坏情绪的自己，让自己慢慢地平静下来。冷静之后，再找出真正引发坏情绪的深层原因。对，是深层原因，而不是他人的某一句话、某一个行为，那不是问题的关键。

要把关注点放在自己的性格或心理上，去觉察自己平时未注意到的一些弱点，给自己一些安抚和接纳，虽然这样的自己并不完美，但我们要相信自己值得被爱，也具备改变的能力。

只要我们对了，世界就对了。

◇ 感谢亲密关系伴侣,帮助我们看清自己

达令是我在豆瓣上认识的一个姑娘,前段时间,她谈到了自己在恋爱中的一些问题。

她和男朋友度过了三个月轰轰烈烈的热恋期,恋爱的温度开始慢慢回落到正常值。那三个月里,她和男朋友基本每晚都会打电话打到很晚,甚至是通过视频看着对方入睡,一周要见三次面。

前一周,因为男朋友连续有朋友拜访,忽略了达令,连着几天他们都没有像之前一样煲电话粥。冷却了几天,再见面之后,达令发现男朋友准备了礼物给她。可见,男朋友还是关心她的,只是这种关心不总是通过口头表达。

达令喜欢用言语表达自己的感受,男朋友话不多,喜欢用行动表示。那次见面,达令见男朋友心情闷闷不乐,还以为他在生自己跟他冷战的气。但达令问了许久,男朋友也不愿意多说。结果,情绪敏感的达令,就觉得受不了了。

那天夜里,达令失眠了,她一边哭一边想:为什么每一次恋

爱，对方一旦忽略自己，自己就会难过得不行？每一次恋爱，都是轰轰烈烈的，有时候连家人朋友的信息都懒得回复，一陷入恋爱中，世界好像就只需要一个伴侣就足够了。

我问达令："除了恋爱关系上的降温，最近有没有发生什么其他的事情？"

达令是一个自我觉知力很强的姑娘，听我这样问，她立马就开始反思，并说道："我深夜痛哭，跟他有直接的关系，可是透过现象看本质，也许我是因为对生活现状的不满意，只不过是转移了矛盾而已。"

我有点好奇，达令为什么这样说？她解释道："最近因为疫情，我的学业和社交活动都被限制了。室友纷纷搬走，我一个人窝在家里，异国他乡，孤独是避免不了的，那亲密关系里的他，就成了我的朋友、恋人、家人，也成了我学习学不下去、不想工作的借口，以及情绪的发泄口。"

总结过往的恋爱经历之后，达令得出一个结论："有些喜欢和爱，如果超出对方的承受能力，其实就是一种负担。这种恋爱方式，其实是不健康的，你自己觉得自己付出了很多，但对方根本不需要这样超量的付出。你称为'爱'，不过是因为对生活无能，才转移到伴侣上的'控制欲'。"

我其实挺惊讶的，对于一个没有心理学基础的姑娘来说，能够有这样的觉知和内省能力，真的不容易。事实上，这也的确是问题的关键点，亲密关系的实质是一面镜子，折射出我们内心最不想面对的部分。

对达令来说，她最不想面对的，是一个人的独处。所以，在进入亲密关系后，她会无时无刻地想要和对方在一起，当对方因其他事情无法陪伴她时，她如同掉入一个巨大的黑洞中，不知该怎么面对。所以说，当亲密关系出现问题，当我们在关系中感觉很痛苦、很纠结时，那就是我们开始成长的最好时机。

亲密关系伴侣，不是用来满足我们内在需求的，我们内心深处的问题，归根结底还是要靠我们自己来解决。亲密关系伴侣不是我们的共生体，他是一个独立的人，需要有自己的时间和空间，且再相爱的两个人也不可能时刻捆绑在一起。孤独，是每个人生命中的必修课，我们只是透过亲密伴侣，深入地认识自己，进而疗愈自己的创伤，最终成为一个完整的自己。

达令也认清了这个事实，她说："亲密关系的倦怠感总会到来，无论换多少个伴侣，总有一天，激情会褪去，对方会让自己不再那么小鹿乱撞、热血沸腾，彼此不再时刻黏一起。但这并不意味着对方不爱自己，也不意味着彼此的关系不再亲密。只是，我要学会跟自己的孤独相处，这是我自己的课题。"

为什么亲密关系会成为一面镜子呢？这主要是因为，我们的潜意识里充满错综复杂的选择、记忆、想法、信念和感觉，这与我们成长过程中的经历有关。当我们进入一段亲密关系后，在跟伴侣的相处或者矛盾争吵中，会不断触发这个潜意识机制，会让早年的一些情绪重现，仿佛回到孩提时代，让我们难以摆脱那种痛苦的感受。

在这样的情境下，我们会选择与伴侣争吵，埋怨伴侣做得不好，内在的原因就是，指责伴侣远比面对自己的痛苦要容易。实际上，我们不该厌恶这样的时刻，因为只要诚心检视和追溯，这个过程会让我们不断发觉自己内心深处的症结，让我们更加了解自己。

当问题发生时，不要只是一味地把手指向伴侣，还要记得向内看看：你为什么会那么在意他说的某句话？你为什么会觉得自己很受伤？这种体验让你想起了什么？你愤怒的背后有没有恐惧存在？这些才是你需要关心的，也是解决问题的核心。

我很喜欢一句话："每当你觉得受到伤害，要记住，那是因为你有一个伤口。"正是因为我们有一个或多个伤口，所以别人不经意地碰触，都会刺痛我们敏感的神经。我们的痛苦，不总是因为他人做错了什么。即便真的是对方做了某些事，那也是他们的事，除非我们身上有伤，否则无论是洒水还是撒盐，都不会让我们的情绪此起彼伏。

经营关系，永远要在自己的身上着力。要别人改变，先改变自己；要让事情变得更好，先让自己变得更好。美好的亲密关系，不是要找一个完美无缺的灵魂伴侣，也不是让对方满足自己安全、爱、性、情感、财务等需求，而是借由亲密关系伴侣的存在，看到我们在成长过程中缺失的部分，向对方表达自己此刻的痛苦情绪，用爱来支持自己去面对伤痛。这个时候，疗愈就开始了，而彼此的关系也会变得更加亲密。

✧ 人与食物的关系,透着人和自我的关系

生活总有日复一日的时候,天长日久便令人生倦。仪式感的存在,就是为了让每一个普通的日子,显得与众不同。我给自己的仪式感,从每天清晨的精致早餐开始。

这份精致的早餐,一定要是我喜欢的且特别想吃的,它带来的是一整天的满足感。有时,我会选择全麦三明治,里面配上喜欢的蔬菜和蛋黄酱,再加一份滑蛋;有时,我会把蒸熟的紫薯压成泥,放在透明的杯子里,覆盖上一层酸奶,最后撒上五颜六色、健康又好吃的坚果。

每天早上,看着那些充满色彩的早餐,还没有入口进胃,幸福感就已经溢满了我整颗心。吃的过程中,会好好品尝每一种食材的味道,不会有狼吞虎咽的镜头,因为不忍心打破那份美好。吃完早餐,带着一份满足和惬意,开启一整天的工作,情绪和状态都很好。

这是我现在的生活,也是我现在的状态,品尝食物,如同在欣赏艺术品,食物变成了精致的感官享受。我所选择的,都是我真正

想吃的。然而，时光倒退几年，却是另外的一番景象，如今想起，多少有点不堪回首的意味。

如果你有过情绪性进食的困扰，那你一定知道，那种胃被胀满，而内心却充满愧疚和自责的体验，是多么消耗人。你的内心是空虚的、焦虑的，无法言表和宣泄，你的肚子明明不饿，却总要拿起那些高热量的食物往嘴里填，仿佛只有吃的那一刻，才有活在当下的体验。

那些食物，几乎都是对健康无益的，你的身体其实并不需要它们。在情绪低落的情况下，身体的消化机制也变得格外虚弱，那些无法被消化的食物，就变成了负担。

同时，那种胃被撑得有些疼痛、让人坐立不安的感觉，更是给痛苦添了一个加号。随之而来的，也是更加消耗人的，就是心理上的罪恶感。那种对自己的行为深感绝望和厌恶的感受，足以让人所有的意志被瓦解。

能不能不吃？我也思考过。后来，我才知道，这不单纯是意志力的问题。从生理层面解释，人在压力状态下，身体需要皮质醇来维持正常的生理机能，如果没有皮质醇，身体没办法对压力做出有效反应。所以，当情绪和压力袭来时，大量的皮质醇就开始刺激我们的食欲，让我们想摄入高糖高脂的食物，继而使大脑"上瘾"。

为了解决这个问题，我开始了自我探索之旅。这个过程相当漫长，也很曲折，最终的结果就是，我的咨询师让我看到了一个事实：我和食物的关系，透着我和自己的关系。换而言之，我不够爱自己，不重视自己的真实感受，不敢去选择自己真正喜欢的、想要的东西。

发现这个真相的那一刻，我哭了，眼泪里包含的东西太复杂，至今我也说不清楚。正是从那个时候起，我开始反思自己的生活，觉察自己头脑里的一些念头，去了解自己真实的生理感受和心理感受。特别是在吃食物之前，我会和自己的内心对话：是真的饿了吗？还是心里不舒服？什么事情让我不舒服？该怎样处理这件事，我才会感到舒服？

你可能也发现了，问题的核心不在于食物，而在于情绪。我不是在凭借意志力克制食欲，而是在跟内在的自己联结，是在调整自己的情绪状态，是在思考自己真正的需求和感受。

回想一下，有很多次我是因为工作问题陷入焦虑之中：明明身体不舒服，或者生活出现了某些变动，我却强忍着压力和痛苦，赶在既定日期内完成任务，一天都不肯放过自己。个中煎熬可想而知，但所有的感受都被我藏在心里，所有的压力都被我"吃"进了胃里。

我不懂得表达自己的感受，也不敢提出自己的需求——我遇到了点麻烦，我需要一些时间来处理。为什么我强忍着痛苦，而不敢说呢？有多重原因，既害怕别人失望，也害怕被人指责，仿佛只有把事情做好的我，才能够被认可、被善待；我重视别人的需求和感受，甚至在任何情况下，都会把它们置于自己的需求和感受之前。

不仅是在工作上，在生活的其他方面，我也有类似的模式：妹妹过生日那天，我舍得拿出1/3的工资给她买一件衣服，却不舍得花同样的价钱给自己买，总是退而求其次选择便宜一点的；当别人提出请求时，我心里明明不太乐意，却经常会勉强答应，让自己背后受煎熬；当追求者不是自己特别中意的人，我也不敢直言拒绝，害怕伤人面子伤人心……借由这样的做法，我希望他人能感到满意，并由此得到他人的肯定与认同，至于自己真实的需求和感受，却可以不闻不问，搁置在一边。

我拼命地往嘴里填不喜欢的、无益于健康的食物，不过是因为我压抑了内心真实的感受，以及情感上的需要。内心的空虚、孤独，只能借助咀嚼来克服，我需要的不是食物，而是跟随内心去做选择，去照顾自己的需求和感受。我与食物的关系，不过是与自己关系的映射，而与自己关系最核心的部分，就是直视真实的内心。

情绪性进食的经历，于我而言是一段糟糕的、不美好的体验，甚至一度让我的身体增重30斤。但，这种不完美的体验，也给了我一次跟内在对话的机会，让我透过与食物的关系，透过身体的反应，看到自己真实的感受和需要，并通过外在的情绪管理、行为管理，提升对生命的掌控感。

现在的我，已经学会了如何爱自己，这种爱不是自私，不是不管不顾。只不过，在面对他人的请求和需求时，我也会考虑自己的需求与感受，并跟对方去沟通，尽可能实现一种平衡，使处理问题的方式让彼此都能够接受。当我的外在与内心达成一致时，我就会觉得做选择并不是一件困难的事情了，我甚至可以更加随心地去争取自己真正想要的东西。

Part / 08

不完美但很精彩,有遗憾更有未来

拥抱完整的自我,追求内心的安宁,
是一个永无止境的过程。
只要你肯侧耳聆听内心深处的声音,
愿意释放心中积压的负面情感,追求更加自由的生活,
就可以让这个过程一直持续下去。

——黛比·福特

✧ 时间尚无法治愈的伤，允许它存在着

时间是一剂良药，但时间可以治愈一切伤痛吗？

我总觉得，那是一碗鸡汤。相比之下，我更认同罗丝·肯尼迪的说法："人们都说时间可以治愈一切伤口，我可不这么认为，伤口是一直存在着的，随着时间的流逝，出于保护，伤口被覆盖上疤痕，疼痛随之减轻，但这一切永远也不会消失。"

多年前，看电影《肖申克的救赎》时，我被结局深深地震撼了。那一刻，我整颗心都是激荡的，觉得希望真是一件美好的事，让人在任何的境遇下都有翻篇的机会。

那些年，我真是偏爱励志电影，似乎在期待着借助某一种力量去照亮自己的人生。然而，晦暗的人生，真的可以借助什么东西，重新变得璀璨吗？也许，那只是励志和治愈电影里的桥段吧。生活的残酷，远比电影中演绎得更惨烈，可那皆大欢喜的结局，却是寥寥无几。

正因为此，现在的我愈发喜欢悲剧和丧片了。表面上看，我似

乎是沉沦了，可真相是，我越来越明白人生无常了。

第一次把《海边的曼彻斯特》看完时，我内心没有特别的震撼感，反而弥漫着一种阴郁。之后，慢慢回味这部片子，那阴郁就散开了，成了大片大片的悲伤。不像那种撕心裂肺的悲情片，让你哭到哽咽，它更像生活中真实的痛苦，哭不出，抹不掉，却一直像影子般跟随你。

主人公Lee从头至尾都是没什么表情的，他对周围的任何人、任何事似乎都很淡漠，即便是感情甚好、对他倍加照顾的哥哥去世，他也没有表现出特别的哀伤，甚至不愿意按照哥哥的遗嘱中所说，做唯一的侄子Patrick的监护人。

有句话说，如果你认识从前的我，你就会原谅现在的我。影片不断穿插闪回，就像一个人身在此时此刻，却因某个情境回忆起过去发生的种种。

对Lee而言，他宁愿一个人待在波士顿，做一个不与任何人有任何关系联结的勤杂工，也不愿回到家乡曼彻斯特，和唯一有血缘关系的亲人相伴。

也许不是不愿，不是不想，而是做不到。

闪回的片段，让我们看到了从前的Lee：有相爱的妻子，有三个可爱的孩子、一栋温馨的房子和一群玩得很high的朋友。他的世界，也曾那么热闹，那么有趣。

只是，一场无心的意外，彻底击毁了他的意志和人生。

他想给壁炉里添点火，让房间暖和一些；他出去买酒，想起忘了关壁炉的外挡；他觉得应该问题不大，不会有什么事……这多像现实中的我们，忽略了某一个细微的隐患，心存侥幸，因为之前也发生过许多次类似的情况，都没什么大碍。

可是，唯一的一次，就这一次，最不想发生的事，犹如晴天霹雳般降临了。Lee回到家时，看到了熊熊大火包围了房子。妻子哭泣着昏厥过去，三个孩子葬身火海……死亡，来临得如此突然、如此惨烈，任何人都无力承担。

Lee被带到了警察局，他说出了全部的过程，以为从此应该会在监牢里度过余生，警察却告诉Lee，他说的基本上与事实相符，可以回去了。

从某种意义上说，人生若有赎罪的机会，真是幸运的，至少可以用一种辛苦或痛苦，去抵消过去犯下的错。受的苦和罪够多了，也便有一种错觉感，认为偿还得差不多了。

可是，Lee唯一可以赎罪的机会被剥夺了，他想开枪打死自己，却被拦住了。这意味着，他要一直背负着无法承受的"罪"，活在人世间。

这，对一个普通人来说，太难了。

我曾期待，影片的最后，能够看到一丝丝喜悦和安慰。治愈系的电影，通常都是这样的套路，让我们相信，许多痛苦是可以逐渐变淡的。

是不是可以这样？让Lee能够跟前妻重归于好，重新遇见爱情，跟侄子变成至亲？一切，都只是想象。影片告诉我们，其实我们无处可去，身上背负着伤痛，没有救赎、没有解脱，这才是人生！

有些痛苦，是时间没有办法治愈的。那些偶发的死亡，不管时隔多久，回想起来都是无法磨灭的痛，且那痛苦不会比事件发生的那一刻减少丝毫。

意外的悲剧，可以彻底改变一个人。

如果Lee出现在我们跟前，你能够想到用什么样的话语去安慰他？

对于因自己的过失，意外陷三个孩子于火海的父亲来说，任何的宽慰都是苍白的，都无法减少他的悲伤与自责。除非，他真的愿意与自己、与过去和解。

对一个活生生的人来说，面对不可弥补的失去，和解又何尝不是另一种痛苦呢？惨烈的创伤，就是心灵里的一座肖申克。生活中没有那么多的"安迪"，能够从肖申克里走出来，有些人一辈子都走不出来。

时间可以让有些东西变淡，但无法治愈所有的伤口。那些发生的事情，永远都发生了；那些回不去的事情，也真的回不去了。悲伤和痛苦，不该是被排斥的，它们同样值得尊重。无法和解的，就让它存在着吧！对于那些连岁月都无法弥合的伤，我们又何毕逼着自己去和解呢？

在巨大的创伤之下，就算做不到热爱生活，也没什么关系，能够带着满身的泥泞继续走，已是莫大的勇者。向所有历经创伤，却依然选择活着的人，致敬！

✧ 学会清简，把生命留给合理的事情

S和同事莎莎的私交甚好，两人年龄差不多，又很谈得来，下班后经常一起逛街、吃饭、运动，两人都觉得能在职场里交到如此知心的朋友不容易，因而惺惺相惜。

在同一个部门工作了3年，莎莎的勤奋好学和出色业绩，赢得了领导的赏识，在年会上被晋升为业务小组的负责人。为了庆祝自己的晋升，莎莎邀请了几位朋友到家里聚会，算是庆功宴，鼓励自己继续努力。毫无疑问，S也在被邀请的行列中。

作为莎莎的好友，S打心眼里为她的晋升高兴。虽然自己没有得到提拔，可她知道自身的问题在哪儿，并未气馁，也没有对S心存嫉妒。她很想参与莎莎这个"庆功宴"，但在得知莎莎"庆功宴"的举办时间时发现，那天刚好是某乐团的演出日，而这场演出她已经等了很久，之前就因为有事在身没能去看。面对这个千载难逢的机会，她真的不想放弃。

S很想把情况向莎莎说明，可看到莎莎兴致勃勃的样子，不想扫

她的兴，话到嘴边又硬生生地咽了下去。她突然想到：如果自己不去赴约，莎莎会不会觉得自己对她的晋升有什么不满？这样直接拒绝会不会影响两人日后的相处？思前想后，S最终还是放弃了心仪的演出，决定去赴约。

聚会当天，大家玩得都很开心，莎莎的准备也很充分，没有怠慢任何人。可是，S却一直处于游离的状态，满脑子都在想演出的事。莎莎是个敏感的姑娘，加之两人关系熟稔，自然看出了S的心不在焉和强颜欢笑，毕竟S平时不是这个样子。莎莎心想：难道她不想来参加这个聚会？是不是她心里有什么想法？

聚会结束后，大家陆续离开，莎莎问S："今天我看你不太开心，有什么想法你可以直接跟我说，我不希望朋友之间有什么误会。"无奈之下，S说出了事情的原委，可此时此刻的解释，听起来可信度一点都不高，因为在莎莎看来，这本就不足以成为理由。

这件事之后，两个人的关系不似从前，S觉得很委屈，而莎莎认为S那天的低落没那么简单。任何关系，一旦掺入了猜疑，自然难以长久。于是，一段原本很美好的情谊，就因误解被彻底割裂。

如果一开始，S直截了当地向莎莎说明她的为难之处，并赠送一份心仪的小礼物，以表真诚的祝贺，既能让莎莎了解到自己的心意，也可以满足自己的心愿。可她选择了违心地参加聚会，结果既没有全身心地投入到聚会热烈的氛围中，也错过了期待已久的演出,最终还闹得两个人之间产生了误会。

这样的事情,我不知道你是否经历过?反正我在上大学的时候,违心地参加过N多场同学的生日会,不好意思拒绝别人,只好勉强自己。但我也知道,人骗不了自己,内心的不情愿、不愉悦,会不时地搅乱我们的安宁。

美国作家爱琳·詹姆丝,一生都在倡导人们要自己选择生活,她认为:只有不勉强自己,才是真正地活出自我。之所以这样说,也是因为她亲身经历过。

爱琳·詹姆丝年轻时不仅是个作家,还是一个投资人兼地产公司的投资顾问。在努力奋斗了十几年后,突然有一天,她坐在自己的办公桌前,呆呆地望着那写满了任务的日程表,内心被触动了。她意识到,自己再不想忍受这种令人发疯的日程安排了,每天被乱七八糟的事情塞得满满的,既疯狂又愚蠢。于是,她决定,要摒弃那些无谓的忙碌,把清单上的80多项内容,清简到十几项。这样做以后,她觉得整个人轻松多了。

在现实生活中,我们也不妨像爱琳·詹姆丝一样,在感到压抑的时候反问自己:有哪些事情是我勉强去做的?那些事情有没有让我感到浪费时间、浪费精力,且很不开心?

如果是的话,就要学会告别一些东西。我们只是一个人,不是整个组织,也不是一整支队伍,时间、精力、能力都有局限性。尽管有些事情是我们必须要做的，但在很多时候，我们也未曾自由选择那些不必去做的事，依旧沉在勉强中挣扎。

记得爱因斯坦说过："只要你有一件合理的事去做，你的生活就会显得特别美好。"既如此，那就把生命留给合理的事，别再为难自己了。

✧ 觉得自己好看，比真的好看更重要

认识子怡多年，我几乎没有见过她素颜的样子。

就连大学军训时那么惨淡的日子，她都坚持五点钟爬起来，花费一个小时的时间来涂抹各种护肤品和彩妆。正式上课后，她由于家离得比较近，就选择了走读。每天在课堂上碰见时，她都化着浓浓的妆容，粉底擦得很厚，豆沙色的口红把整个人衬得很洋气。

子怡的妆化得很精致，可无形中还是会给人带来一种距离感。跟她不熟的同学，往往会觉得这女孩不太好相处，但其实并非如此。偶尔我会开玩笑逗她："有本事你卸了妆去约会？我请你吃一个月的饭。"她撇撇嘴说："还是算了吧！我可没那个胆。告诉你吧，每天卸了妆以后，我都不敢照镜子。"

大学毕业后，子怡到国外读研究生，后留在国外工作，极少回来。起初，她还会在微博和微信上更新状态，发布一些照片，依旧是浓艳的妆容、时尚的穿着，和原来没什么两样。后来，忘了是从什么时候开始，她就好像销声匿迹了，偶尔会晒出两张风景照，而

她自己从未再露过脸。

一晃十年过去了。今年春节前,子怡回国了,我们借机见了一次面。此次会面,让我倍感惊讶。那个红唇白肤的女孩,已经变得让我不敢相认了。她梳着一头瀑布般的黑直长发,穿了一件米色的羊绒衫,淡淡的妆容透出了一抹知性淡然的味道。

"咦,你居然敢不化妆出门啦?"我调侃地说。

"是呀,咱现在可是三十岁的女人了!越活越有勇气啦!"

子怡笑起来,眼睛弯弯的,像一道月牙。

"我就纳闷,什么东西这么强大,能让你'脱胎换骨'?"我忍不住问她。

"也没什么特别的,就是终于敢面对自己了吧!"子怡淡淡地说。

蜕变之后的人在说起过往的经历时,总是云淡风轻,但过程中的挣扎唯有他们自己最清楚。子怡故意把脸靠近我,说:"看,我的皮肤没有别人说得那么好。以前我很怕别人发现,就用化妆来掩盖,但这个东西治标不治本,越是化妆底子越差。以前,我特别享受别人夸我皮肤好的那种感觉,可每次卸妆后,看着镜子里的自己,我就想发脾气。"

"那后来……你怎么敢素面朝天了?"

"我读研一的时候,生了一场病。当时挺严重的,是我的室友把我送到医院。那些天我已经顾不上仪表了，因为实在太难受了。没想到的是，室友居然跟我说：'你不化妆的样子，看起来挺清秀的，有一种自然的美。'那是我第一次听到这样的话，心里竟有一丝感动。那次病愈后，我就逐渐尝试化淡妆，甚至是素颜见人。

"起初，会有一点不适应，怕别人盯着自己看。到后来，越来越多的人跟我说：'Anni（子怡的英文名），你越来越漂亮了。'我才意识到，原来真实的自己没有想象的那么'见不得人'。不化妆以后，我觉得轻松了很多，好像有更多的时间去享受生活了，而不是每天想着怎么去掩盖不够白的皮肤、单眼皮……到最后，我竟也喜欢上了每天醒来时的自己，虽然看起来蓬头垢面的，可对着镜子照的时候，我没那么'讨厌'自己了。"

不知道是不是所有女孩都有过类似的经历和感受，至少我是有过的。从小到大，我的皮肤也不是那么好，脸颊上有着星星点点的小雀斑。为了这些雀斑，我跟自己较了很多年的劲，甚至认为它是姥姥遗传的，就赌气不去看望姥姥。

过去很多年，我在跟人聊天时，都不愿意直视别人的眼睛，生怕他们会嘲笑我的小雀斑。我还偷偷地哭过，埋怨生活不公平，为什么不让我长一张蛋清似的脸。我时常会留意周围的人，看是否也有人和我一样，再看看他们是怎么面对的。很可惜，在别人的身上我始终没有找到自己的影子，因此不管怎么比较，都无法安慰我那颗自卑的心。

有那么几年,我把所有的不顺都归咎于皮肤不好、长得不够漂亮。现在想想,真是傻得可以呢!直到工作的第二年,我终于找到了自己的方向,逐渐步入奋斗的正轨。工作带给我成就感和自信,让我逐渐敢抬起头跟人交谈,也让我变得爱说爱笑。奇怪的是,好像生活也变得顺当了,小雀斑似乎并没有阻挡这一切的发生。

一次偶然的机会,表姐介绍我到医院皮肤科做了祛斑的项目。做完之后,小雀斑确实比以前少了,也淡了,但我突然发现,内心的感受并没有多年前所想象的那么兴奋和激动,而我的样子也并没有因为雀斑少了几个而发生巨大的改变。我终于意识到,所有的问题不是出在脸上,而是出在心里。

到现在,小雀斑依然没有彻底远离我,但我知道,其他人不会太把它当回事,除非我时刻把它装在脑子里。那天去逛街,看到某品牌店的大海报上,一个金发碧眼的模特摆着性感的pose,脸颊上有着星星点点的雀斑,比我的还要严重得多。

"模特脸上的那个东西叫什么?"旁边的男性朋友问我。

"噢,雀斑啊!你看,我脸上也有的。"我大大方方地说。

"有人把这个东西视为幸运的象征……"他一本正经地说。

"恩,我是觉得自己挺幸运的!"我笑着回应。

当我们介意别人会发现、会嘲笑某一件事、某一个缺点的时候，往往是我们自己对它心怀芥蒂；当我们害怕别人不接受真实的自己时，是我们自己不肯接受真实的自己。只要我们敞开心扉，直视自己的一切，也许我们就会发现，没有什么比自信来得更有底气了。我们无须活在别人的期待里，我们觉得自己好看，比真的好看更重要。

◆ 不再苛求自己,本身就是一种幸福

文森特在成为白宫法律顾问之前,职业生涯一直是很顺利的。据他的同事讲,他在事业上没有经历过任何的挫折,连一点小失败都没有。后来,由于出现了政治丑闻事件,他深感内疚。这件事让他觉得自己很失败,他没办法接受自己出现任何的纰漏,最终选择了自杀。

仅仅一次的失败,真的意味着整个人生都沦陷了吗?

英国作家琼恩在她的演讲中,是这样看待"失败"的——

"失败只是意味着剥去了生活中无关紧要的东西……现在,我终于自由了,因为我最大的坎坷已成为过去,而我依然健康地活着,这就是上天对我最大的恩赐。曾经横亘在我生命旅程中的那些障碍为我重建了生命的扎实根基……失败并不是完全意味着不幸,它给我带来了内在的安全感。失败让我认识了自己隐藏的、未知的那一部分,而这些是无法从其他事情中学到的。

"通过这些失败的激励,我培养了强大的意志力,具备了比我

想象的更强的自律性,我觉得自己曾经经历过的那些坎坷比红宝石还珍贵……当你认识到挫折可以使你变得更强大、更加充满智慧的时候,你才真正具有了生存能力和面对压力的生命张力。只有你本人经历了失败的考验,你才能真正认识自己,也就能够更加坦然地享受未来的成功。"

不少心理学家从能否从容地接受失败的角度,把人的心理划分为两种:一种是"消极的完美主义,即我们常说的"完美主义";另一种是"积极的完美主义",也就是"最优主义"。

两者的区别是什么呢?完美主义者,拒绝接受现实中的失败,认为人生就该是一帆风顺的,他们只关注结果,思维比较极端,习惯搜索缺陷;最优主义者,认为人生旅程可以出现坎坷,能够接受失败,并从中得出经验,具有变通性的思维。

如何才能从一个完美主义者,转变为最优主义者呢?

哈佛大学积极心理学与领袖心理学讲授者泰·本博士提出了一个3个"P"理论:

· Permission——允许

接受失败和负面情绪是人生的一部分,要制定符合现实的目标,采用"足够好"的思维模式。不必要求自己非得达到令人望尘莫及的高度,符合60分的标准,就要给自己一些鼓励和认可,不必非得达到100分的标准,才认为是好的。

· Positive——积极面

看事物的时候，要多寻找它的积极面。即便是失败，也要把它当成一个学习的机会，看看是否能够从中学到点儿什么。

· Perspective——视角

心理成熟的人，具备一项很重要的能力，就是愿意改变看待问题的视角。

你可以问自己："一年后，五年后，十年后，这件事还这么重要吗？"当我们试着从人生的大格局来看待问题时，就像拍照时拉远了镜头，视角会变大，能够看到一个更宽阔的视野。

如果说，追求完美的目的是为了体验幸福，那么不苛求自己，本身也是一种幸福。不要再为不完美的瑕疵为难自己，我们对事情的主观解释就决定了它们在我们眼中所呈现的样子。很多时候，对失败的恐慌和极度反感，很容易让人生陷入困境；从容地接受不完美，试着利用失败，反倒更能靠近想要的目标。

Part / 08
不完美但很精彩，有遗憾更有未来

✧ 每个人都有资格成为生活中的舞者

一直很喜欢严歌苓的作品，她笔下的女人永远是漂亮的、有思想的、浪漫的，敢于去追寻想要的人生和爱情。就像前几年看她编剧的《娘要嫁人》，触动就很大，只是迟迟未动笔，写一篇像样的东西。

这次不想单纯地写影评，而是想谈谈浪漫和艺术对人生的意义。在《娘要嫁人》的故事里，最触动我的就是，那些在平淡甚至惨淡的日子，对艺术坚持不懈、对生活满心热爱的人。

女主角齐之芳，是一个肤白貌美、生活讲究、热爱唱歌的女人，可惜生活不遂人愿，她的丈夫在消防大队工作，不料出勤救援时牺牲，留下她和三个孩子。

生活不易，寡妇带着三个孩子，日子可想而知。可日子再难，她走出家门时依然是优雅的、美丽的，她穿戴整洁，梳着一条美丽的辫子，在电报局里带领别人唱歌。在舞台上，她就像一颗璀璨的明珠，闪闪发光，你丝毫看不出她在生活里窘迫的一面。她热爱艺术，崇尚爱情，她的歌声打动了自己，也感染了周围的人。

都说艺术能够陶冶人的情操，我特别坚信，热爱艺术的女人内心都是纯粹的。面对不同的追求者，齐之芳一直坚守着自己的爱情底线，遵从自己的初衷，只选对的，而不是轻易地出卖自己的幸福。与剧中那些肤浅的邻居相比，她并没有变成一个世俗的、为物质和其他放弃爱情理想的女人。

有句话说，父母是孩子最好的老师。起初不懂，只觉得齐之芳很特别，直至看到她的母亲出场，在一场场家庭厮打中表现出的淡定从容，我才知道，这就是耳濡目染的力量。这个充满智慧的老太太，宽容大度，端庄大气，永远不急不躁，笑脸盈盈，对生活、对婚姻有着乐观的精神，也有着自己的独特见解。看着女儿悲惨的命运，她安慰着说："没有一个人的心不是千疮百孔的。"

在面对市井儿媳小魏的大吵大闹时，无论自己多不喜欢、多看不惯，她依然保持一份淡定，在房间里用老式的留声机放一张碟，轻哼着音乐。到最后，老伴儿去世了，她干脆随身带着广播，沉浸在音乐的世界里躲清静。艺术，给了她一份如水的心境，也给了她一份最端庄、最淡然的气质。

崔淑爱，一个爱音乐、爱弹琴的女人。先是无端地被卷入一场误会中，让人以为她是王燕达的情人。事实证明，他们不过是同样热爱音乐的朋友。后来，她那优雅、文静、知书达理的性情，让齐之芳的哥哥被深深打动。

严歌苓用崔淑爱的存在，与那气死父母、侮辱妹妹的市井媳妇小魏形成了鲜明的对比。艺术带给崔淑爱的，是不温不火，是通达善意，而不懂艺术、从未被艺术熏陶过的女人，在岁月的冲刷和渲染下，会变得庸俗而肤浅。就像剧的末尾，齐之芳的女儿说："或许，舅妈（小魏）原不是那样的人，是岁月把她变成了那样。"

岁月对每个人都是公平的，但看你选择用什么样的态度去生活，抱着一颗怎样的心去生活。热爱艺术的人，生命里总会闪烁着动人的光华，那是他们精神上的支撑与引导。

这些年，我在生活里见过不少谈吐不俗的优雅女性，她们大都热爱着艺术，并让艺术成为自己生命的一部分。她们不会用大把大把的时间来看冗长的偶像剧，也不会一心只沉浸在柴米油盐的算计中，更不会在人前背后搬弄是非，传什么八卦新闻，却在该说话的时候说不出有见地的想法。她们可能会去听一场音乐会，看一看画展，学一门技艺。和这样的女人聊天，会让人感觉是一种享受，她们所说的话，总显得很有格调，给人以启发。她们对音乐、绘画、文学、生活都有自己的看法。

生活对任何人来说都不容易，随着年龄的增长，还会感到有点累，因为要顾及的人、顾虑的事太多。正因为此，我们更需要艺术。这就如同，在冬日的寒风里送自己一件暖暖的外衣，在夏季的雨天给自己撑一把伞，用艺术来帮助自己抵抗岁月的侵袭，让自己在忙碌与辛苦中不失格调。

当然了，金钱和艺术是两回事。许多人有钱，可未必懂得创造和品味高雅的生活。热爱艺术，不是为了做给谁看，不是附庸风雅，拿出来作秀，而是用一种恰当的方式，把自己看到的、感受到的东西表现出来，这是一份对生活的感知与热爱，是心灵上的慰藉。

身边有一位从事画展工作的女性朋友，平时经常去美院跟教授学习油画。她曾经写道："生活的变动太大，什么都可能背叛，可唯独艺术不会。就算全世界的人都背过身去，可绘画还是我最可靠的朋友。它是有生命的，它源自生活里的点点滴滴。每一件作品，都是我用心、用生命刻画的，都注入了我的灵魂。我喜欢用这样的方式表达自己的感情和思想。在绘画的世界里，我学会了独立，学会了用感受去激活生命，那是生命和心灵的接力。"

还有我在健身房里认识的一位姐姐，民族舞跳得非常棒。就连教舞蹈的老师，都被她的气质感染了。她那曼妙的身材、优雅的步伐、微微扬起的头和挺拔的姿态，真心是太美了。接触她的人都说，她看上去最多30岁，实际上，她已经39岁了。她现在经常陪着女儿去学舞蹈，自己也练习，不为成为多么优秀的舞者，只为陶冶情操，丰富气韵。当然，跳舞给她带来的还不止这些，在多年的舞蹈生涯里，她还学会了审美，活出了一份不朽的青春。

我们不一定都能成为舞台上的舞者，但绝对有权利选择做生活中的舞者。坎坷与不平难以避免，可不管遇到什么，艺术都能够给我们带来一份舒心的安慰。热爱艺术并把艺术融入生命中，就不会用歇斯底里来发泄情绪，而是会感受艺术带来的情怀与安抚。也正因为此，被艺术熏染的人才不会陷入容貌的囹圄。艺术带给我们的，远比想象中要多。

✧ 轰轰烈烈很精彩，小确幸也不失美好

一直以来，很多人都在渴望轰轰烈烈的生活和策马奔腾的事业，总以为那样的人生才是精彩，才值得期待。回顾眼下，像白开水一样的生活就显得索然无味了。可惜，终其一生能站在金字塔尖上的人毕竟是少数，更多的人到最后都沦为了平平凡凡的大多数，过着简简单单的生活。

平淡的人生，真的那么令人厌倦吗？或许，令人厌倦的不是平淡的人生，而是一颗干瘪的心。记得村上春树说过一句话："不懂体会小确幸的人生，不过是一片干巴巴的沙漠罢了。"的确，不是只有轰轰烈烈的生活才有味道，任何一个懂得去体味细微美好的人，都能够把一辈子过得热气腾腾，充满温情。

曾有人在网上发过一张帖子，让网友们分享一下自己的"小确幸"。若不是用这样的方式，可能许多人都没有意识到，原来许多不起眼的生活细节里，也藏着满满的爱与幸福。

"爱人很忙，经常到外地出差，我都快感受不到他对我的爱

了。可是，今天早上我突然感觉好幸福。早晨，他不用去公司，很早就起床叠被、洗漱、准备早餐，我听着他所有的动作，却故意不睁开眼睛，假装睡觉。但是，我却能从那些声音里，猜想出他轻手轻脚的样子，他在保护我的晨睡。就是那一刻，我突然感觉心里一阵暖流流过，流淌在这个一切如常的早晨。"这是一个叫"猫儿怪怪"的女网友的留言。

另一位叫"伏尔加河"的网友说："辛苦忙碌了一天，下班后回宿舍的路上，看着健身广场上那个空荡荡的秋千，突然有了一种上去坐坐的冲动，于是便坐了上去。我荡着秋千，在树的枝叶剪辑出的片片夕阳里，轻轻地闭上眼睛，什么也不想。就在这隔着眼睑的光与影的交替闪现中，我突然感觉一种幸福在身边袭过的微风里暖暖地荡漾着。"

美好的体验就像是珍贵的钻石，每个人都渴望拥有。只是，许多人对美好心存误解，把成功、名利、物质等跟美好联系起来，仿佛美好是这一切的附加物。其实，生活中处处都有"美好的钻石"，它需要的只是一双善于发现的眼睛和一颗乐于品尝细微幸福的心。

丈夫失业了，争强好胜的罗娜虽有能力扛起家庭的经济重担，但心里还是充满了怨气和责备。她总觉着，丈夫若是能干一点，自己就不用那么辛苦了，日子也会比现在好过许多。她的潜意识里，还是认定了嫁得好胜过干得好,幸福的生活一定跟物质有关。

然而,在接下来那个周末发生的两件事,却让罗娜陷入了沉思中。

周六,她到小区门口的修鞋摊去修理鞋跟。修鞋的人在这里摆摊有几年了,摊主是一对聋哑人,男的50多岁,女的看起来稍微年轻一些。男的接过鞋后,用手比划着,跟她商量价钱。女的见她听不明白,就找来纸和笔让男人写。她点点头,表示接受,男的就开始埋头修鞋。

就在这时,机子上的线没有了,男的就拿线穿针,也许是眼花,也许是无意,他没有穿上。见此情景,女的连忙放下手里的活,从丈夫手中拿起线,很快就穿好了。男的对她微微一笑,女的也回过头来冲他一笑。

这样的一个细节,深深地触动了罗娜。从那对聋哑夫妻的相视一笑里,她感受到了温馨与默契,还有一份浓浓的爱。在他们的世界里,永远都无法说出"我爱你"这样的话,可他们的爱却那么真实地存在着,静静地流露在穿针引线的细节里。

此事之后,罗娜的目光不再只盯着工资和年收入,而是愿意花点儿时间去看看周围的人和事,在不起眼的细节处感受久违的美好。从前的她,下班路上一直都是风风火火的,而现在她会放慢步伐,去感受一下难得的轻松。

一次，罗娜路过修自行车的铺子时，发现摊主是一个腿有残疾的男子，他正在门口的小桌上吃饭，旁边放着一个脏兮兮的婴儿床，里面躺着一个沉睡的婴孩，妻子在一旁默默地看着他吃饭。来了修车的顾客，男人就对女人笑着说："先把车胎扒下来。"他的语气充满了自信和快乐，而妻子的脸上也露出微微的笑意，熟练地把车胎扒开取出，放到旁边一个有水的盆里，寻找车胎被扎破的地方。

罗娜的脑海里，突然闪出了"夫唱妇随"四个字。两人那默契的眼神和语调，让她的心里生出了一种羡慕感：原来，幸福可以这么简单！没有太多的物质条件，就是点点滴滴的和谐里随意流露出的默契和理解，就能让一个家温暖盈盈。

目光从别人身上转向自己，罗娜不禁摇摇头，觉得自己太不知足。丈夫不过是暂时的失业，且是自愿辞职，但有硕士学位、技术能力的他，再谋求一份新的工作并不是太难的事。日子过得这么别扭，不是丈夫的问题，也不是钱的问题，而是她的问题。细想起来，爱就是由一个个小细节组成的，如果省略了细节，爱就是一片空白了。回想起丈夫的好脾气、好性情，罗娜觉得找回了丢失已久的踏实感。

多少人为了所谓的美好、幸福，孜孜不倦地去寻找，却看不到身边已有的美丽。幸福更多的时候都是以朴素的面目出现的，守候在逐渐老去的父母膝下，陪伴在健康成长的孩子身边，和爱人一起精打细算地过日子，在工作中努力实现个人的价值……这都是幸福。别再羡慕诗和远方，最好的时光，其实就在街头巷尾、乡村农舍、柴米油盐的生活里。

结语　往后余生，愿你我都能成为自己的光

过了三十岁以后，我偶尔会以"老阿姨"的称谓自嘲。

嘴上说老，其实内心并未真的嫌弃。如果让我重新回到20岁，我并不愿意。虽然有过许多次，我都希望人生可以重新来过，可理性告诉我，这不过是以现在的认知去评判过去的自己，才会产生的遗憾。倘若真的回去了，依旧是那个认知水平的自己，依旧没有契机让自己认清问题的根源，就算故事情节会不同，结果怕也是殊途同归。

20岁时，除了有年龄上的优势以外，有的就是那一系列不切实际的幻想、无法支撑的心愿，以及无法正视自己、善待自己的现实。我从不感谢痛苦，也不相信痛苦是让人变强大的东西。痛苦就是痛苦，让人撕心裂肺、痛不欲生，我甚至无比厌恶这个东西。可发生过的事情，是不可能改变的，我们越是想要摆脱它，它越是对我们缠得紧。

所谓的释然，不都是彻底想通、全然忘记，更重要的是学会与

创伤共生,与负能量同处。所以,我更想感谢的,是那个在人烟稀少的岁月里,依旧咬着牙想变得更好,最终踩着创伤不断成长的自己。

愈发觉得,我是一个彻头彻尾的"悲观的乐观主义者"。悲观是我对人生的一种视角和态度,但乐观是我为人处世的选择。谁也没有一个完美的过去,谁也无法确保一个完美的未来,但只要还有能够把握住的东西,我就不会轻易放弃。

当我像接纳呼吸一样,接纳了自己经历的一切,也借助学习的方式让自己了解了"为什么会这样"之后,我竟真的萌生出了勇气。成长带给我最大的益处就是,学会关注自己的需求,放弃向外的索取和寄托,对自己的一切全然地负起责任。

迈出这一步很难,但我没有畏惧,还是战战兢兢地去做了。然后,就像见证他人的成长那样,我见证了自己的改变。有很多次,我悄悄地对自己说:"能活成现在的样子,你不容易。"人生是没有办法去跟他人比较的,也不是所有的经历都能像讲故事一样,拿出来与人分享。不过没关系,自己能懂自己,能理解自己,能心疼自己,比什么都重要。

从前,我向往大朵大朵的红玫瑰,望着电影里那一幕幕真情告白的场景,希冀着有一天能遇见一个目光温暖的男人,抱着一束红玫瑰突然出现在自己面前。很遗憾,最后送给我玫瑰的人,是知心交心的女性朋友,而想象中的那一份浪漫与傲娇,始终是镜中花、

结语
往后余生，愿你我都能成为自己的光

水中月。

现在，我再没有疯狂地期盼过谁给自己送玫瑰。想要花香的时候，就到附近的花卉市场买一束清新的百合，放在喜欢的竹藤圆茶几上，随时嗅一嗅它的芳香，提醒自己，做一个活在当下的人。我很享受那一份买花给自己的情调，带着丝丝的浪漫，透着微微的感动，漾出缕缕的温存。那是我给自己的一份心疼、一份宠爱、一份慰藉。

从前，我很想去旅行，却一直未成行，起初是没有钱，后来是没有勇气。从未独行过的我，希望有个强而有力的手，带着我去看看外面的世界。后来，我也遇到过一些人，信誓旦旦地说，会带我去想去的地方，看想看的风景。可惜，誓言与承诺总是有口无心，从陌生到互有好感，再回归到路人，一切就像不曾发生。

现在，我不会再等谁带自己上路，也有条件满足"说走就走"的心愿。我的抽屉里，藏着N多张渴望已久的车票、机票、景区门票，我也踏上过N多趟开往不同方向的列车。一路上，有无人分享的喜悦感动，也有和驴友小酌的惬意和放松，更有无论今后去哪儿都不再畏惧的勇气。

曾经，我想过个像样的生日，却因家里发生过的一些事，不敢在这个日子里提要求。十几岁时我鼓起勇气，开口说了一次，却被无情地驳斥了。那一刻，被拒绝的痛苦，远远抵不过内心的愧疚——我不

该那么说，不该提这样的要求。后来，这个日子变成一年中我最想忽视的一天。忽视了它，也就忽视了自己，忽视了所有的感受和需求，甚至我潜意识里会认为，自己是不配提要求的，对任何人，任何事。

现在，我会在生日那天，选择给自己放一天假，提早约了朋友晚上庆生吃饭，买了自己最喜欢的起泡酒，订了很有仪式感的蛋糕。我从那个魔咒中解脱了，我可以坦然地告诉自己：无论曾经发生了什么，无论身边至亲的人多么痛苦，那都不是我的错。我是无辜的，过去的这些年，我一直背负着自己的伤痛和至亲的情绪。而今，我不要再去背负任何人的情绪，我也背负不起。无论曾经发生了什么，都没有理由剥夺我过生日的资格，和我爱自己的权利。

没有人可以完全理解我们内心的情绪波动，因为成长只有一次，那个驻扎在我们内心深处的小孩，会因为一些问题而停止生长，带着伤站在原地。谁能救赎她？唯有现在的自己。

年少时想要的一切，就算现在父母家庭能重新给你，也是没用的了。更何况，期待父母改变本身就是痛苦的根源，告别对理想父母的期待，承认他们本来的样子，才是少受苦的选择。至于那些隐藏的、压抑的需求，我们可以慢慢去觉察，允许它们的存在，并满足自己。

这也是为什么，相比20岁时的模样，我更爱现在的自己。

往后余生，我会被自己温柔相待，我也会成为自己的光。

愿你，亦如是。